Neuroanatomie-Malbuch für Medizinstudenten

Menschliches Gehirn ausmalen mit <u>50+ Multiple-Choice-Fragen</u> (MCQs) – Ideales Lernbuch und Geschenk für Medizinstudenten, Ärzte, Pflegekräfte und Erwachsene

2026

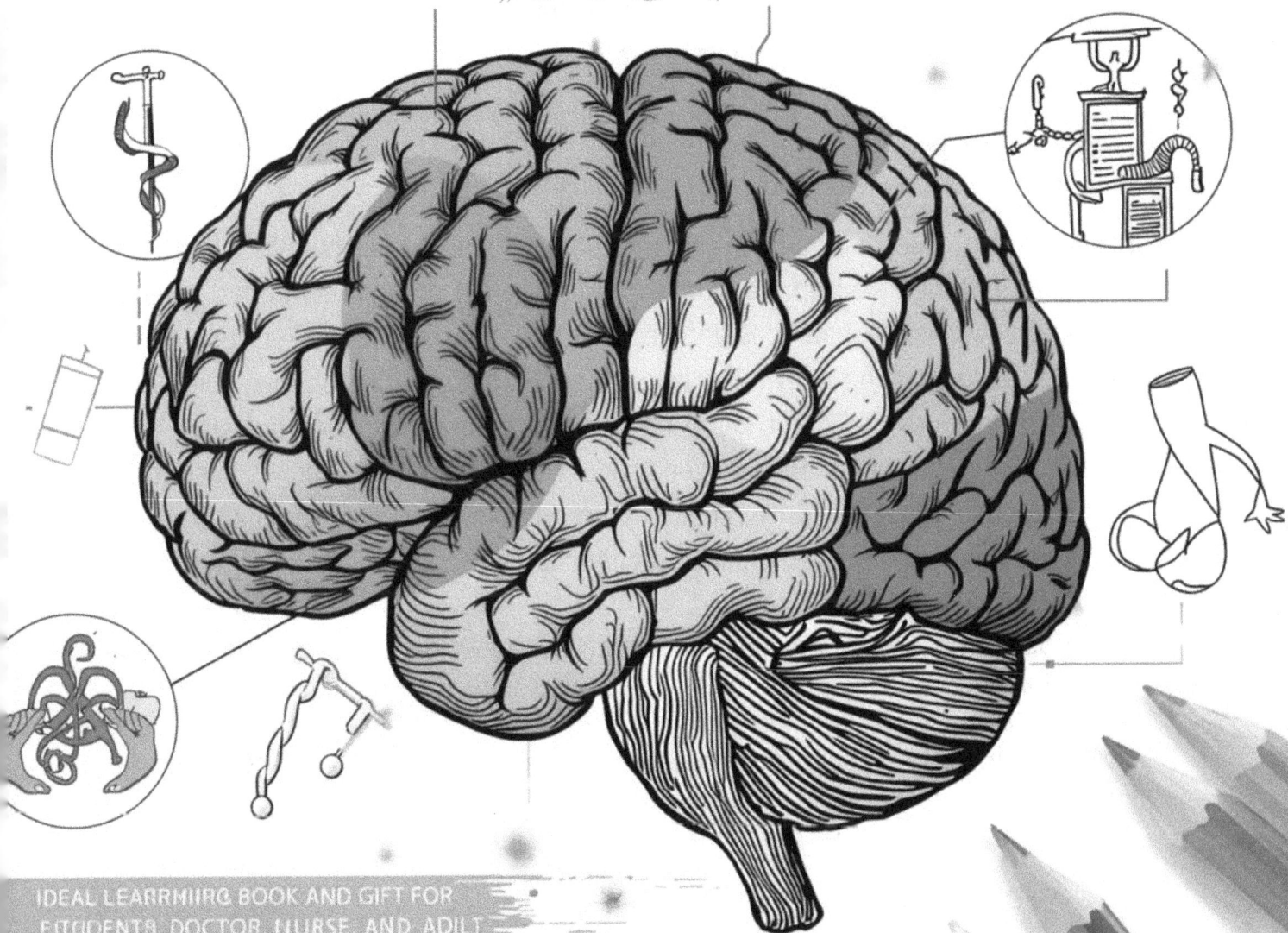

Dr. Fanatomy

Inhaltsverzeichnis

(1) Einführung in das Gehirn

Wählen Sie für jede der mit einem Farbkodierungskreis versehenen Hirnregionen eine andere Farbe und färben Sie damit sowohl die Kodierungskreise als auch die entsprechenden Strukturen in der Abbildung aus.

1. Frontallappen
2. Zentralfurche
3. Parietallappen
4. Okzipitallappen
5. Lateralfurche (Fissura lateralis cerebri / Sylvii-Furche)
6. Kleinhirn
7. Temporallappen
8. Balken (Corpus callosum)
9. Thalamus
10. Hypophyse

11. Mittelhirn
12. Brücke (Pons)
13. Medulla oblongata (verlängertes Mark)
14. Kleinhirn
15. Seitenventrikel
16. Dritter Ventrikel
17. Vierter Ventrikel

Notizen :-

....

....

....

....

....

....

....

....

....

(1) Einführung in das Gehirn

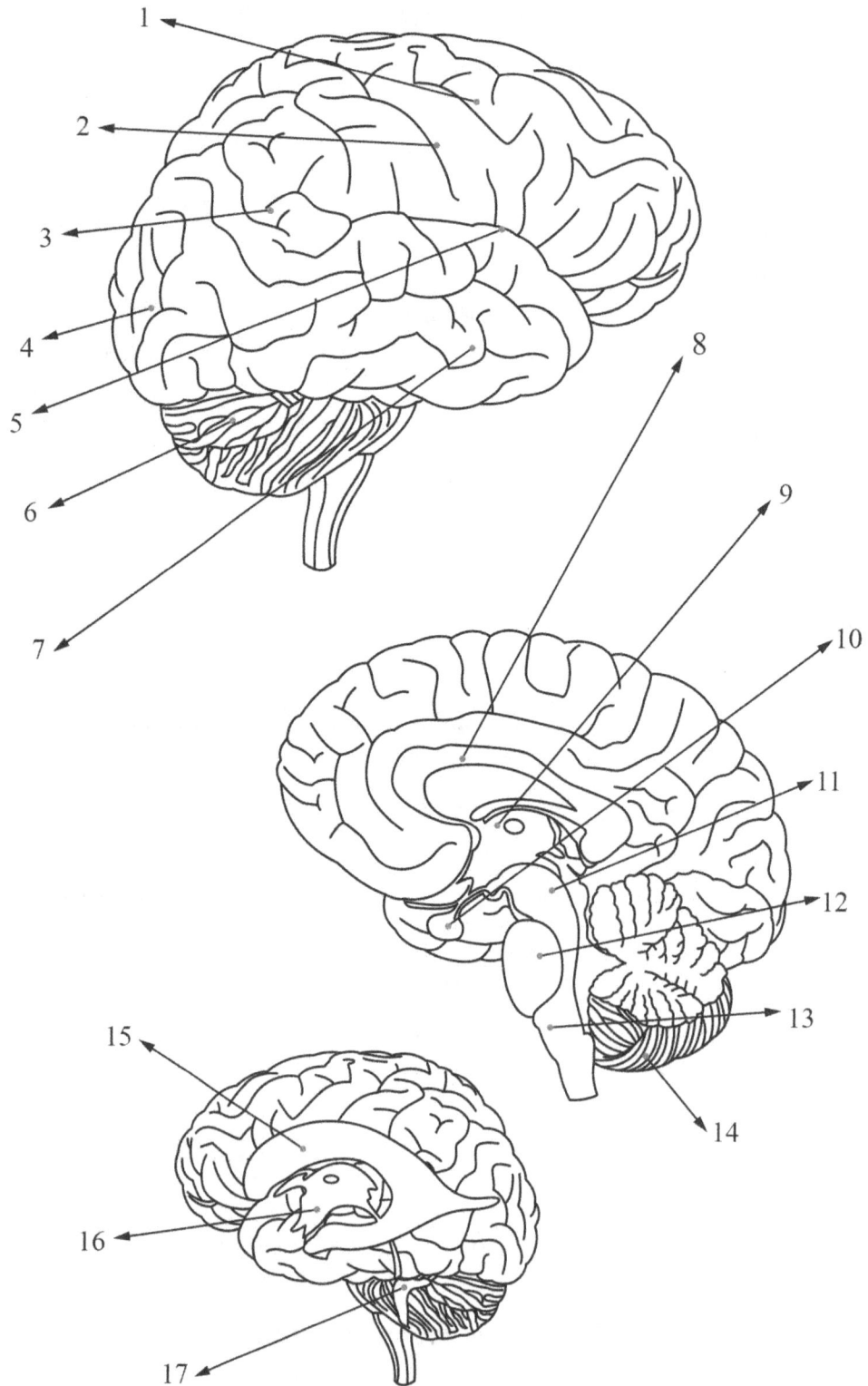

(2) Seitliche Ansichten des Gehirns

Wählen Sie für jede der mit einem Farbkodierungskreis versehenen Hirnregionen eine andere Farbe und färben Sie damit sowohl die Kodierungskreise als auch die entsprechenden Strukturen in der Abbildung aus.

1. Sulcus precentralis (Präzentralfurche)

2. Sulcus frontalis superior (Obere Stirnfurche)

3. Gyrus frontalis medius (Mittlerer Stirngyrus)

4. Gyrus frontalis superior (Oberer Stirngyrus)

5. Gyrus precentralis (Präzentralgyrus)

6. Sulcus frontalis inferior (Untere Stirnfurche)

7. Polus frontalis (Stirnlappenpol / Frontalpol)

8. Frontallappen

9. Gyrus frontalis inferior (Unterer Stirngyrus)

10. Polus temporalis (Schläfenpol / Temporalpol)

11. Gyrus temporalis superior (Oberer Schläfengyrus)

12. Temporallappen

13. Gyrus temporalis medius (Mittlerer Schläfengyrus)

14. Gyrus temporalis inferior (Unterer Schläfengyrus)

15. Sulcus temporalis inferior (Untere Schläfenfurche)

16. Sulcus temporalis superior (Obere Schläfenfurche)

17. Gyrus supramarginalis (Supramarginalgyrus)

18. Polus occipitalis (Okzipitalpol)

19. Okzipitallappen

20. Lobulus parietalis inferior (Unterer Scheitellappen)

21. Parietallappen

22. Gyrus angularis (Angularisgyrus)

23. Sulcus intraparietalis (Intraparietalfurche)

24. Lobulus parietalis superior (Oberer Scheitellappen)

25. Sulcus postcentralis (Postzentralfurche)

26. Gyrus postcentralis (Postzentralgyrus)

27. Sulcus centralis (Zentralfurche)

Notizen:-

....

....

....

....

(2) Seitliche Ansichten des Gehirns

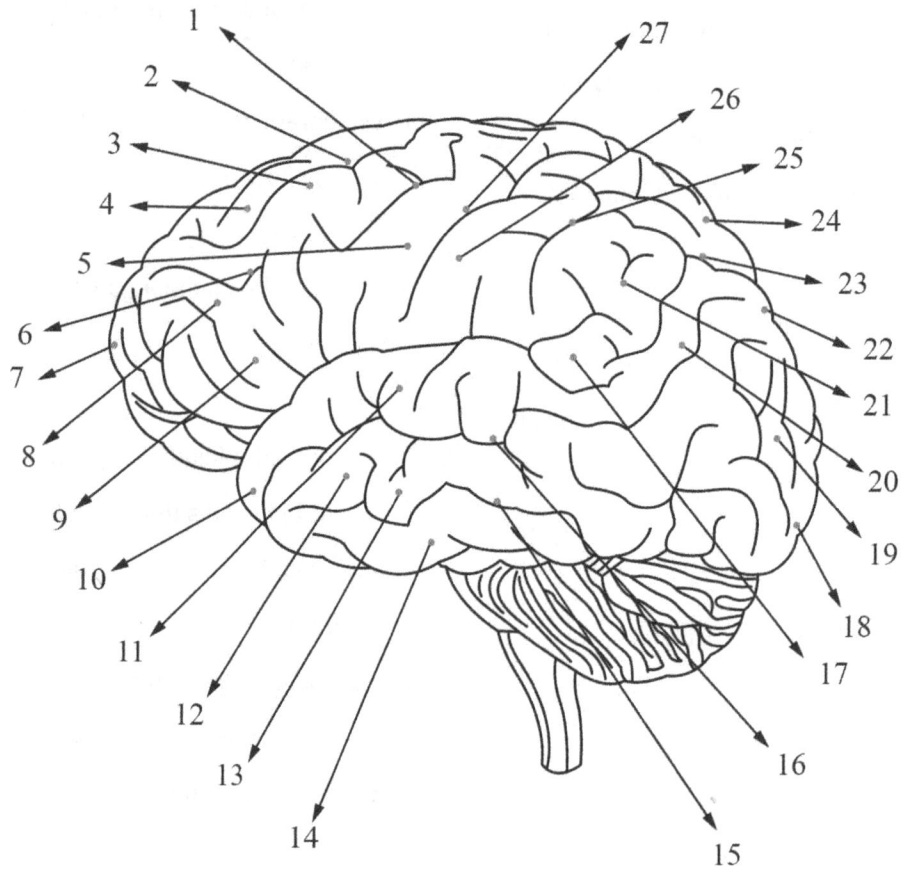

(3) Obere Ansicht des Gehirns

Wählen Sie für jede der mit einem Farbkodierungskreis versehenen Hirnregionen eine andere Farbe und färben Sie damit sowohl die Kodierungskreise als auch die entsprechenden Strukturen in der Abbildung aus.

1. Linke Großhirnhemisphäre
2. Gyrus frontalis superior (Oberer Stirngyrus)
3. Gyrus frontalis medius (Mittlerer Stirngyrus)
4. Gyrus frontalis inferior (Unterer Stirngyrus)
5. Gyrus precentralis (Präzentralgyrus)
6. Gyrus postcentralis (Postzentralgyrus)
7. Gyrus supramarginalis (Supramarginalgyrus)
8. Gyrus angularis (Angularisgyrus)
9. Lobulus parietalis superior (Oberer Scheitellappen)

10. Okzipitallappen (Hinterhauptslappen)

11. Rechte Großhirnhemisphäre
12. Sulcus frontalis superior (Obere Stirnfurche)
13. Sulcus frontalis inferior (Untere Stirnfurche)
14. Fissura longitudinalis cerebri (Längsfurche des Gehirns)
15. Sulcus precentralis (Präzentralfurche)
16. Sulcus lateralis (Lateralfurche / Sylvii-Furche)
17. Sulcus postcentralis (Postzentralfurche)
18. Sulcus intraparietalis (Intraparietalfurche)
19. Incisura preoccipitalis (Präokzipitalkerbe)
20. Sulcus parietooccipitalis (Scheitel-Hinterhaupts-Furche)
21. Sulcus calcarinus (Spornfurche)

Notizen :-

....

....

....

....

....

....

....

....

....

(3) Obere Ansicht des Gehirns

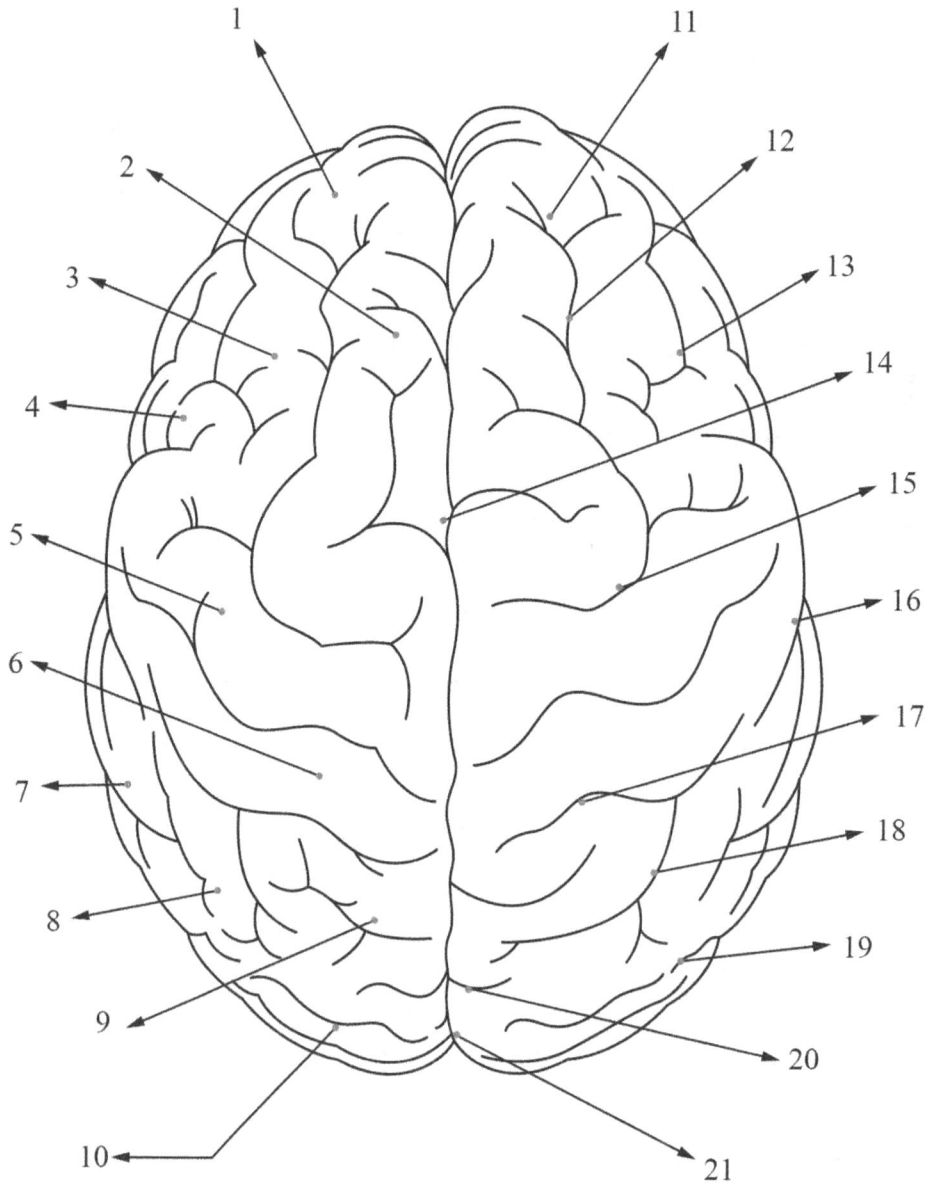

1

2

3

4

5

6

7

8

9

10

11

12

13

14

15

16

17

18

19

20

21

(4) Mediale Ansicht des Gehirns

Wählen Sie für jede der mit einem Farbkodierungskreis versehenen Hirnregionen eine andere Farbe und färben Sie damit sowohl die Kodierungskreise als auch die entsprechenden Strukturen in der Abbildung aus.

1. Parazentralläppchen (Lobulus paracentralis)
2. Parazentralfurche (Sulcus paracentralis)
3. Gürtelwindung (Gyrus cinguli)
4. Medialer Stirngyrus (Gyrus frontalis medialis)
5. Balken (Corpus callosum)
6. Balkenfurche (Sulcus corporis callosi)
7. Durchsichtige Scheidewand (Septum pellucidum)
8. Fornix
9. Zwischenhirnverwachsung (Adhaesio interthalamica / Massa intermedia)
10. Vordere Kommissur (Commissura anterior)
11. Lamina terminalis
12. Recessus supraopticus (Supraoptischer Recessus)
13. Chiasma opticum (Sehnervenkreuzung)
14. Recessus infundibuli (Infundibulärer Recessus)

15. Hypophyse (Glandula pituitaria)
16. Corpora mammillaria (Mammillarkörper)
17. Tegmentum mesencephali (Mittelhirnhaube)
18. Pons (Brücke)
19. Medulla oblongata (Verlängertes Mark)
20. Vierter Ventrikel (Ventriculus quartus)
21. Velum medullare superius (Oberes Marksegel)
22. Kleinhirn (Cerebellum)
23. Aquaeductus cerebri (Cerebraler Aquädukt / Sylvischer Wassergang)
24. Colliculus inferior (Unterer Hügel)
25. Lamina tecti (Vierhügelplatte / Quadrigeminalplatte)
26. Colliculus superior (Oberer Hügel)
27. Sulcus calcarinus (Spornfurche)
28. Commissura posterior (Hintere Kommissur)
29. Zirbeldrüse (Glandula pinealis / Epiphyse)
30. Cuneus (Keil)

31. Sulcus parietooccipitalis (Scheitel-Hinterhaupts-Furche)
32. Isthmus gyri cinguli (Isthmus der Gürtelwindung)
33. Commissura habenularis (Habenularkommissur)
34. Praecuneus (Vorkeil)
35. Plexus choroideus des dritten Ventrikels
36. Sulcus marginalis (Randfurche)
37. Sulcus centralis (Zentralfurche)

Notizen :-

....

....

....

....

....

....

....

(4) Mediale Ansicht des Gehirns

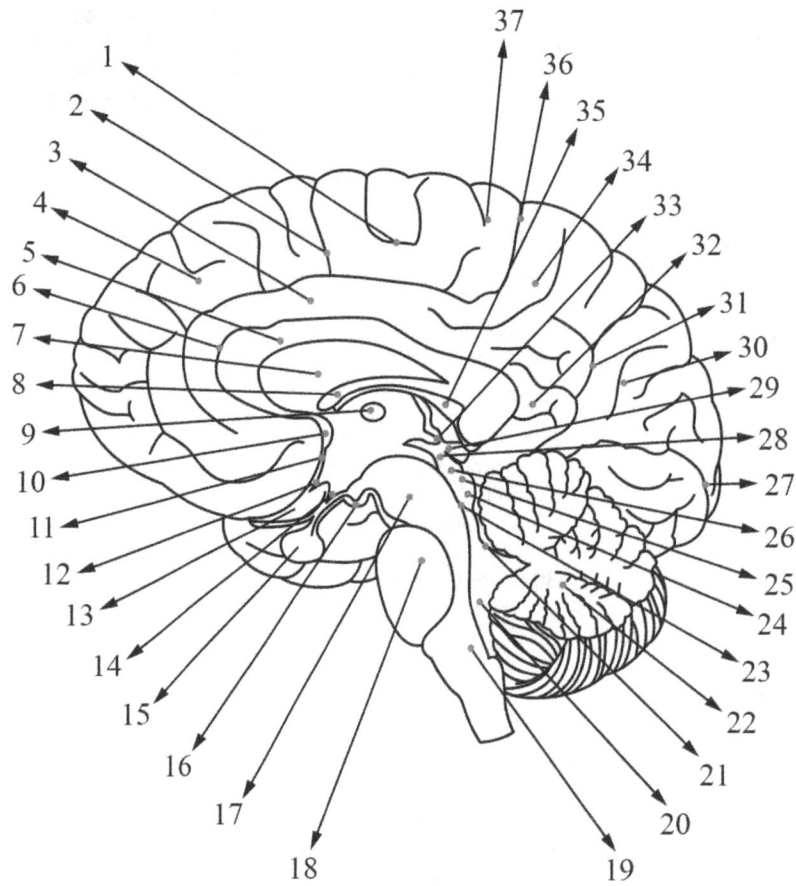

(5) Basale Ansicht des Gehirns

Wählen Sie für jede der mit einem Farbkodierungskreis versehenen Hirnregionen eine andere Farbe und färben Sie damit sowohl die Kodierungskreise als auch die entsprechenden Strukturen in der Abbildung aus.

1. Gyrus rectus (Gerader Gyrus)
2. Sulcus olfactorius (Riechfurche)
3. Gyri orbitales (Orbitale Windungen)
4. Sulci orbitales (Orbitale Furchen)
5. Hypophyse (Glandula pituitaria)
6. Lateralfurche (Sulcus lateralis / Sylvii-Furche)
7. Substantia perforata anterior (Vordere perforierte Substanz)
8. Sulcus rhinalis (Rhinalfurche)
9. Corpora mammillaria (Mammillarkörper)
10. Substantia perforata posterior (Hintere perforierte Substanz)

11. Nucleus geniculatus lateralis (Lateraler Kniehöcker)
12. Nucleus ruber (Roter Kern)
13. Sulcus occipitotemporalis (Okzipitotemporalfurche)
14. Nucleus geniculatus medialis (Medialer Kniehöcker)
15. Sulcus collateralis (Kollateralfurche)
16. Pulvinar thalami (Pulvinar des Thalamus)
17. Aquaeductus cerebri (Cerebraler Aquädukt / Sylvischer Wassergang)
18. Gyrus occipitotemporalis medialis (Medialer Okzipitotemporalgyrus / Fusiformer Gyrus)
19. Cuneus (Keil)
20. Fissura longitudinalis cerebri (Längsfurche des Gehirns)

21. Okzipitallappen (Hinterhauptslappen)
22. Sulcus calcarinus (Spornfurche)
23. Gyrus lingualis (Zungenwindung)
24. Isthmus gyri cinguli (Isthmus der Gürtelwindung)
25. Splenium corporis callosi (Balkensplenium)
26. Gyrus occipitotemporalis lateralis (Lateraler Okzipitotemporalgyrus)
27. Substantia nigra (Schwarze Substanz)
28. Pes pedunculi (Pedunculus cerebri / Hirnschenkel)
29. Sulcus temporalis inferior (Untere Schläfenfurche)
30. Gyrus parahippocampalis (Parahippocampalwindung)

31. Gyrus temporalis inferior (Unterer Schläfengyrus)
32. Uncus (Haken)
33. Tractus opticus (Sehbahn)
34. Chiasma opticum (Sehnervenkreuzung)
35. Nervus opticus (Sehnerv)
36. Tractus olfactorius (Riechbahn)
37. Genu corporis callosi (Balkenknie)
38. Bulbus olfactorius (Riechnervknolle / Riechkolben)
39. Polus frontalis (Frontalpol / Stirnlappenpol)
40. (nicht vorhanden – falls noch ein weiterer Begriff kommt, einfach nachreichen)

Notizen :-

....

....

....

....

....

....

(5) Basale Ansicht des Gehirns

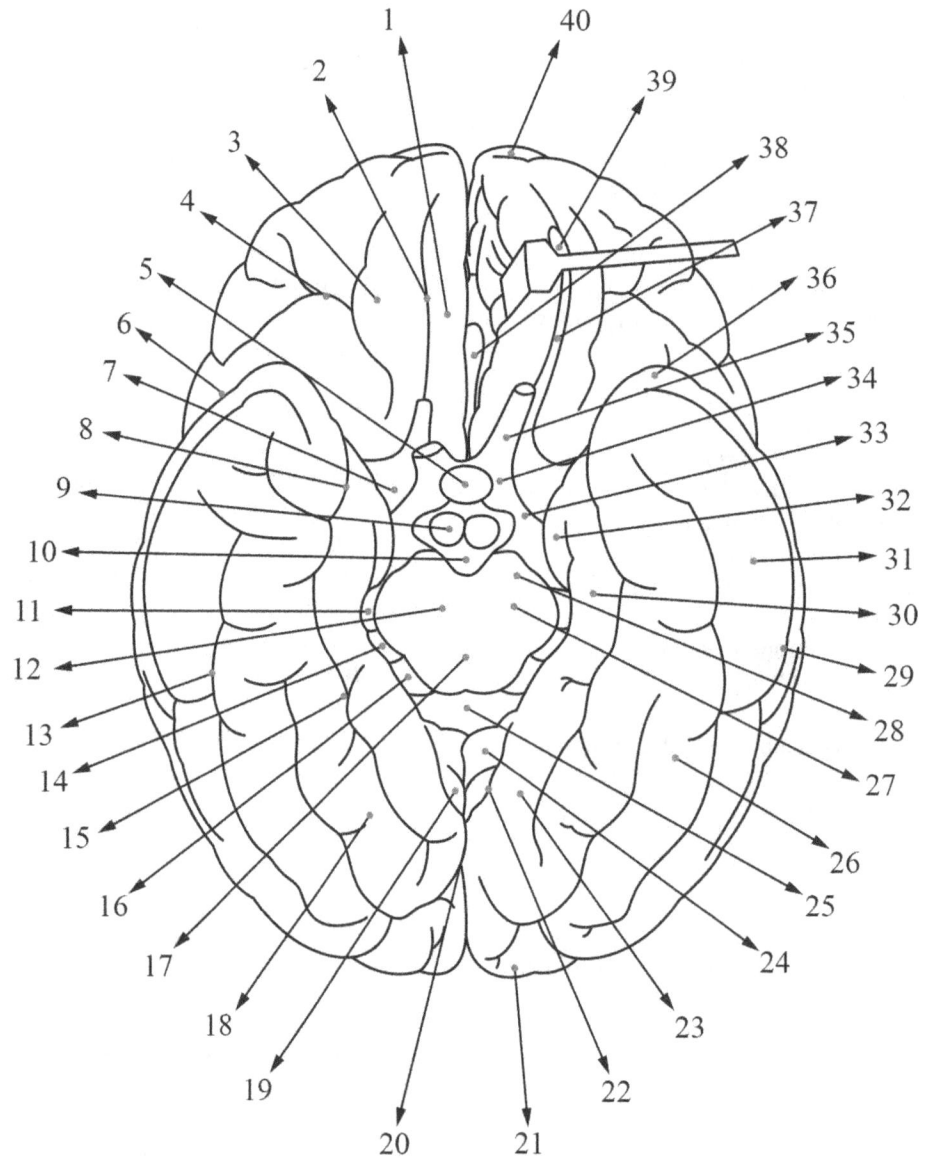

(6) Brodmann-Areale

Wählen Sie für jede der mit einem Farbkodierungskreis versehenen Hirnregionen eine andere Farbe und färben Sie damit sowohl die Kodierungskreise als auch die entsprechenden Strukturen in der Abbildung aus.

1. Brodmann-Areal 6
2. Brodmann-Areal 8
3. Brodmann-Areal 4
4. Brodmann-Areal 9
5. Brodmann-Areal 46
6. Brodmann-Areal 10
7. Brodmann-Areal 44
8. Brodmann-Areal 45
9. Brodmann-Areal 11
10. Brodmann-Areal 47

11. Brodmann-Areal 43
12. Brodmann-Areal 38
13. Brodmann-Areal 52
14. Brodmann-Areal 21
15. Brodmann-Areal 20
16. Brodmann-Areal 31
17. Brodmann-Areal 23
18. Brodmann-Areal 30
19. Brodmann-Areal 36
20. Brodmann-Areal 27

21. Brodmann-Areal 35
22. Brodmann-Areal 28
23. Brodmann-Areal 34
24. Brodmann-Areal 25
25. Brodmann-Areal 32
26. Brodmann-Areal 33
27. Brodmann-Areal 24
28. Brodmann-Areal 22
29. Brodmann-Areal 42
30. Brodmann-Areal 37

31. Brodmann-Areal 41
32. Brodmann-Areal 18
33. Brodmann-Areal 17
34. Brodmann-Areal 39
35. Brodmann-Areal 40
36. Brodmann-Areal 19
37. Brodmann-Areal 2
38. Brodmann-Areal 7
39. Brodmann-Areal 1
40. Brodmann-Areal 5
41. Brodmann-Areal 3

Notizen:-

....

....

....

....

....

....

....

....

(6) Brodmann-Areale

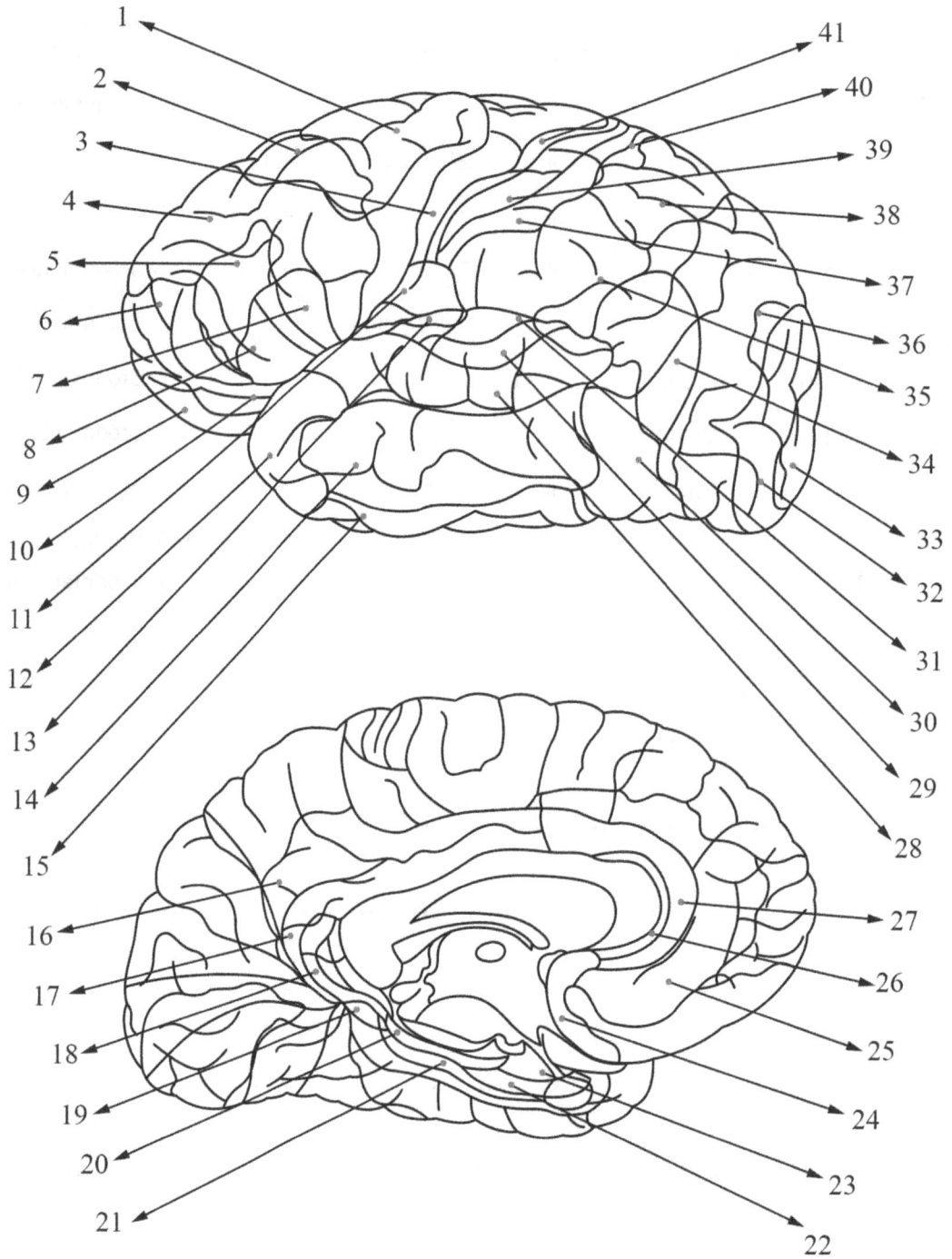

1
2
3
4
5
6
7
8
9
10
11
12
13
14
15
16
17
18
19
20
21

41
40
39
38
37
36
35
34
33
32
31
30
29
28
27
26
25
24
23
22

(7) Thalamus

Wählen Sie für jede der mit einem Farbkodierungskreis versehenen Hirnregionen eine andere Farbe und färben Sie damit sowohl die Kodierungskreise als auch die entsprechenden Strukturen in der Abbildung aus.

1. Balken (Corpus callosum)

2. Caput nuclei caudati (Kopf des Nucleus caudatus)

3. Capsula interna (Innere Kapsel)

4. Hippocampus

5. Dritter Ventrikel (Ventriculus tertius)

6. Fimbria hippocampi (Fimbria des Hippocampus)

7. Colliculus superior (Oberer Hügel)

8. Seitenventrikel (Ventriculus lateralis)

9. Zirbeldrüse (Glandula pinealis / Epiphyse)

10. Kleinhirn (Cerebellum)

11. Fissura longitudinalis cerebri (Längsfurche des Gehirns)

12. Sulcus calcarinus (Spornfurche)

13. Calcar avis (Vogelsporn)

14. Colliculus inferior (Unterer Hügel)

15. Nucleus geniculatus medialis (Medialer Kniehöcker)

16. Nucleus geniculatus lateralis (Lateraler Kniehöcker)

17. Pulvinar thalami (Pulvinar des Thalamus)

18. Stria medullaris thalami (Markstreif des Thalamus)

19. Thalamus

20. Plexus choroideus (Gefäßgeflecht des Thalamus / Choroidplexus)

21. Fornix

22. Septum pellucidum (Durchsichtige Scheidewand)

Notizen:-

....

....

....

....

....

....

....

(7)Thalamus

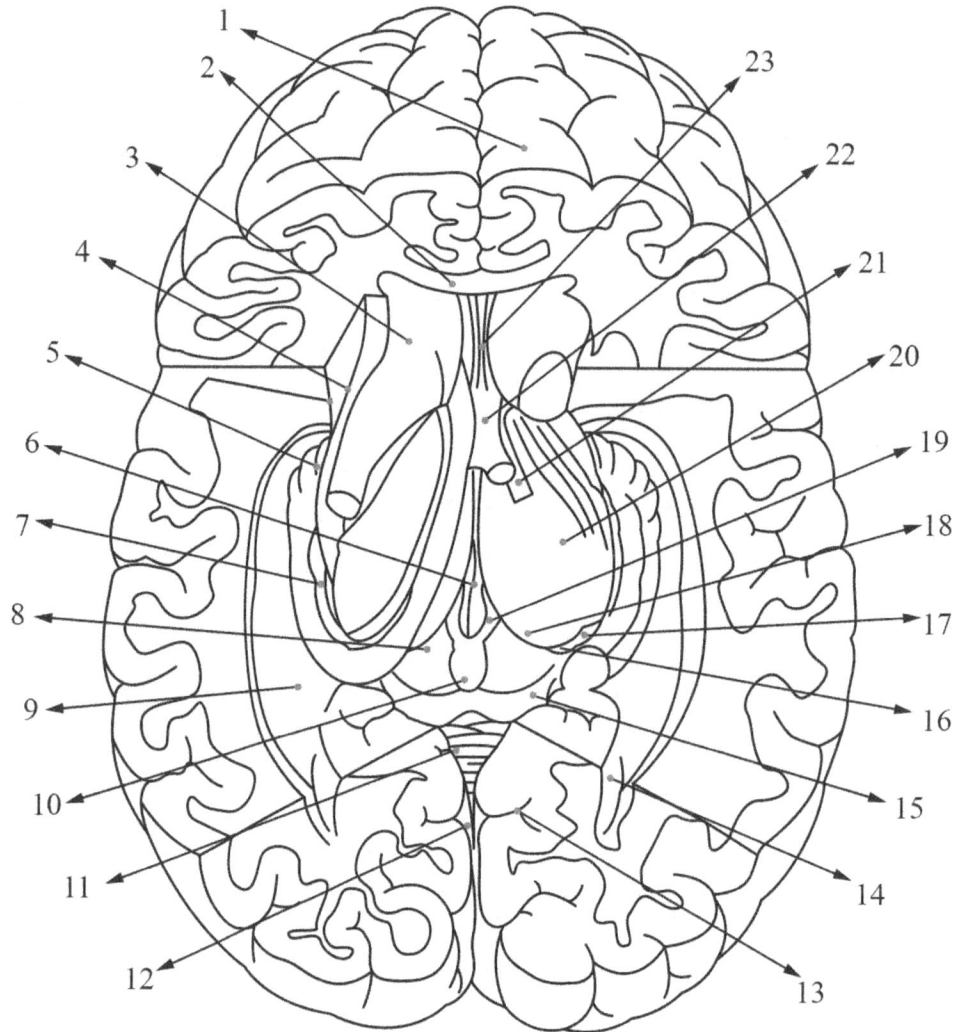

(8) Hippocampus und Fornix

Wählen Sie für jede der mit einem Farbkodierungskreis versehenen Hirnregionen eine andere Farbe und färben Sie damit sowohl die Kodierungskreise als auch die entsprechenden Strukturen in der Abbildung aus.

1. Thalamus

2. Septum pellucidum (Durchsichtige Scheidewand)

3. Corpus callosum (Balken)

4. Adhaesio interthalamica (Zwischenhirnverwachsung / Massa intermedia)

5. Sulcus hypothalamicus (Hypothalamusfurche)

6. Commissura anterior (Vordere Kommissur)

7. Tegmentum (Haube)

8. Corpora mammillaria (Mammillarkörper)

9. Substantia nigra (Schwarze Substanz)

10. Hippocampus

11. Gyrus dentatus (Gezahnter Gyrus)

12. Fimbria hippocampi (Fimbria des Hippocampus)

13. Temporalhorn des Seitenventrikels (Cornu temporale ventriculi lateralis)

14. Seitenventrikel (Ventriculus lateralis)

15. Hinterhorn des Seitenventrikels (Cornu posterius ventriculi lateralis)

16. Nucleus ruber (Roter Kern)

17. Vierhügelplatte (Lamina quadrigemina / Quadrigeminalplatte)

18. Zirbeldrüse (Glandula pinealis / Epiphyse)

19. Stria medullaris thalami (Markstreif des Thalamus)

20. Fornix

Notizen:-

....

....

....

....

....

....

....

(8) Hippocampus und Fornix

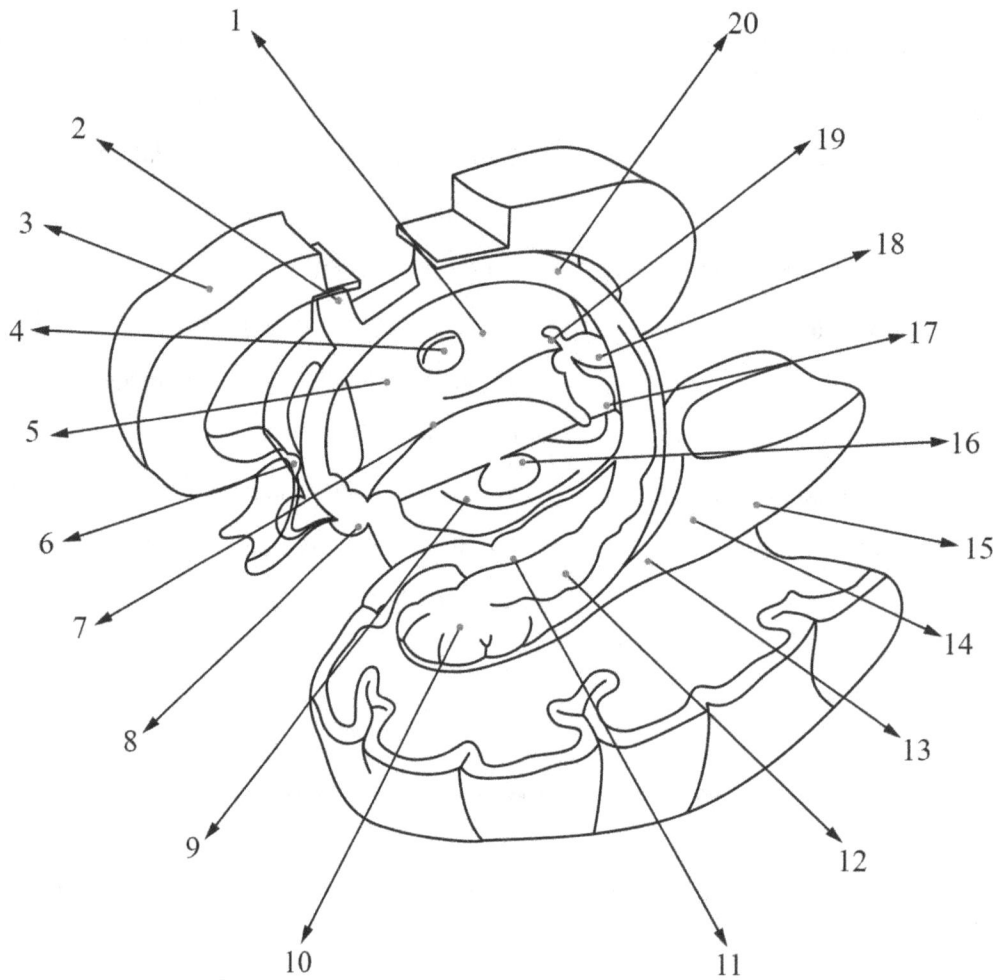

(9) Thalamuskernen

Wählen Sie für jede der mit einem Farbkodierungskreis versehenen Hirnregionen eine andere Farbe und färben Sie damit sowohl die Kodierungskreise als auch die entsprechenden Strukturen in der Abbildung aus.

1. Vordere Thalamuskernen (Nuclei anteriores thalami)

2. Nucleus lateralis dorsalis (Lateral-dorsaler Kern)

3. Nucleus reticularis thalami (Thalamisches Retikulärkern)

4. Nucleus ventralis anterior (Ventral-anteriorer Kern)

5. Nucleus ventralis lateralis (Ventral-lateraler Kern)

6. Nucleus lateralis posterior (Lateral-posteriorer Kern)

7. Nucleus ventralis posteromedialis (Ventral-posteromedialer Kern)

8. Nucleus ventralis posterolateralis thalami (Ventral-posterolateraler Kern des Thalamus)

9. Nucleus geniculatus lateralis (Lateraler Kniehöcker)

10. Nucleus geniculatus medialis (Medialer Kniehöcker)

11. Pulvinar thalami (Pulvinar des Thalamus)

12. Intralaminäre Kerne des Thalamus (Nuclei intralaminares thalami)

13. Mediale Marklamelle (Lamina medullaris medialis)

14. Mittellinien-Kerngruppe (Midline nuclear group)

15. Laterale Thalamuskernen (Nuclei laterales thalami)

16. Nucleus mediodorsalis (Mediodorsaler Kern)

Notizen:-

....

....

....

....

....

....

....

....

(9)Thalamuskernen

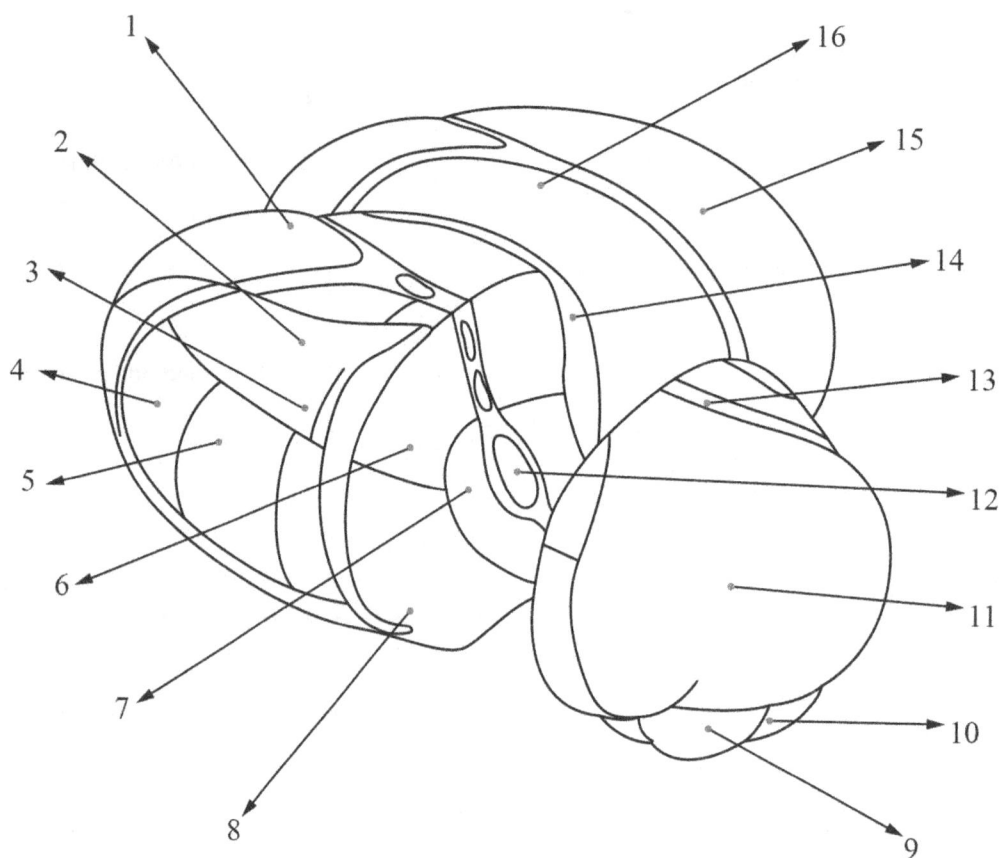

(10) Hypothalamus

Wählen Sie für jede der mit einem Farbkodierungskreis versehenen Hirnregionen eine andere Farbe und färben Sie damit sowohl die Kodierungskreise als auch die entsprechenden Strukturen in der Abbildung aus.

1. Fornix

2. Nucleus paraventricularis (Paraventrikulärer Kern)

3. Nucleus dorsomedialis hypothalami (Dorsomedialer Hypothalamuskern)

4. Nucleus hypothalamicus anterior (Vorderer Hypothalamuskern)

5. Nucleus preopticus lateralis (Lateraler präoptischer Kern)

6. Nucleus preopticus medialis (Medialer präoptischer Kern)

7. Nucleus suprachiasmaticus (Suprachiasmatischer Kern)

8. Nucleus supraopticus (Supraoptischer Kern)

9. Nucleus ventromedialis hypothalami (Ventromedialer Hypothalamuskern)

10. Nucleus arcuatus (Arkuater Kern / Infundibularkern)

11. Tractus supraoptico-hypophyseus (Supraoptiko-hypophysärer Trakt)

12. Mammillarkomplex (Complexus mammillaris)

13. Nucleus ruber (Roter Kern)

14. Nucleus intercalatus (Interkalierter Kern)

15. Absteigende hypothalamische Bahn (Descendierende hypothalamische Verbindung)

16. Fasciculus longitudinalis dorsalis (Dorsales Längsbündel / Schütz-Bündel)

17. Area hypothalamica lateralis (Laterales Hypothalamusgebiet)

18. Tractus mammillothalamicus (Mammillothalamischer Trakt)

19. Nucleus periventricularis (Periventrikulärer Kern)

20. Area hypothalamica posterior (Hinteres Hypothalamusgebiet)

Notizen:-

....

....

....

....

....

(10)Hypothalamus

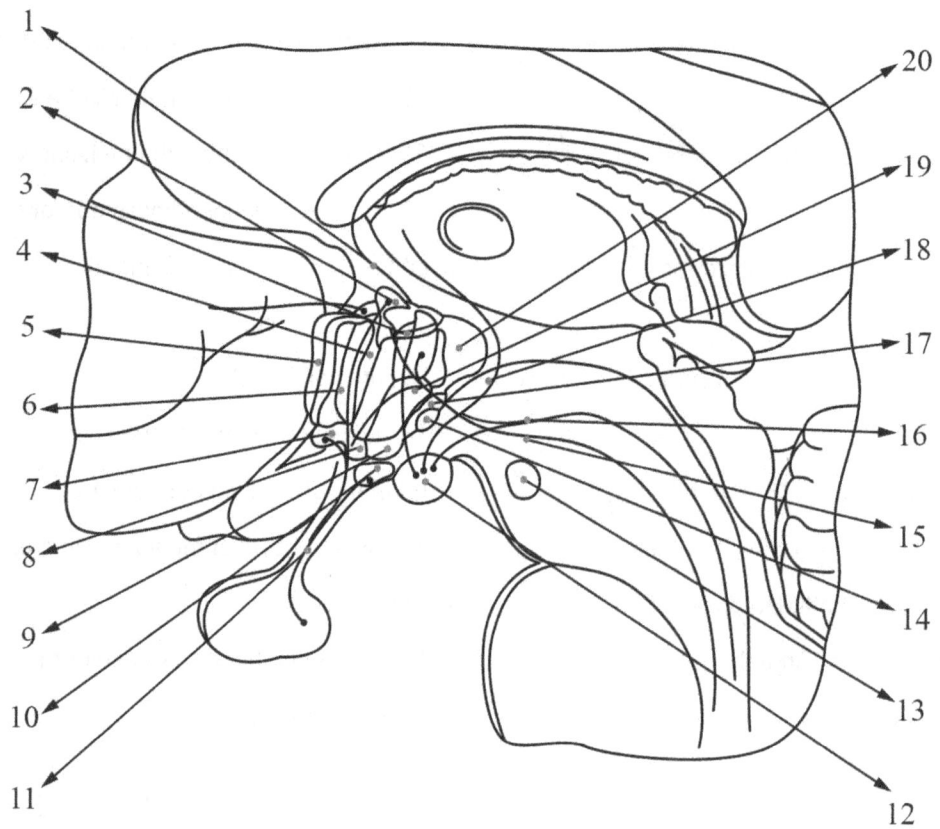

(11) Hypophyse

Wählen Sie für jede der mit einem Farbkodierungskreis versehenen Hirnregionen eine andere Farbe und färben Sie damit sowohl die Kodierungskreise als auch die entsprechenden Strukturen in der Abbildung aus.

1. Lamina terminalis

2. Chiasma opticum (Sehnervenkreuzung)

3. Pars tuberalis der Hypophyse

4. Infundibulum (Hypophysenstiel)

5. Adenohypophyse (Hypophysenvorderlappen)

6. Sella turcica (Türkensattel)

7. Pars distalis der Hypophyse

8. Hypophysenspalte (Hypophyseal cleft / Residuum des Hypophysengangs)

9. Pars intermedia der Hypophyse

10. Neurohypophyse (Hypophysenhinterlappen / Pars nervosa)

11. Fibröse Trabekel der Adenohypophyse

12. Neurohypophyse (Hypophysenhinterlappen)

13. Corpus mammillare (Mammillarkörper)

14. Eminentia mediana des Hypothalamus

Notizen:-

....

....

....

....

....

....

....

....

(11) Hypophyse

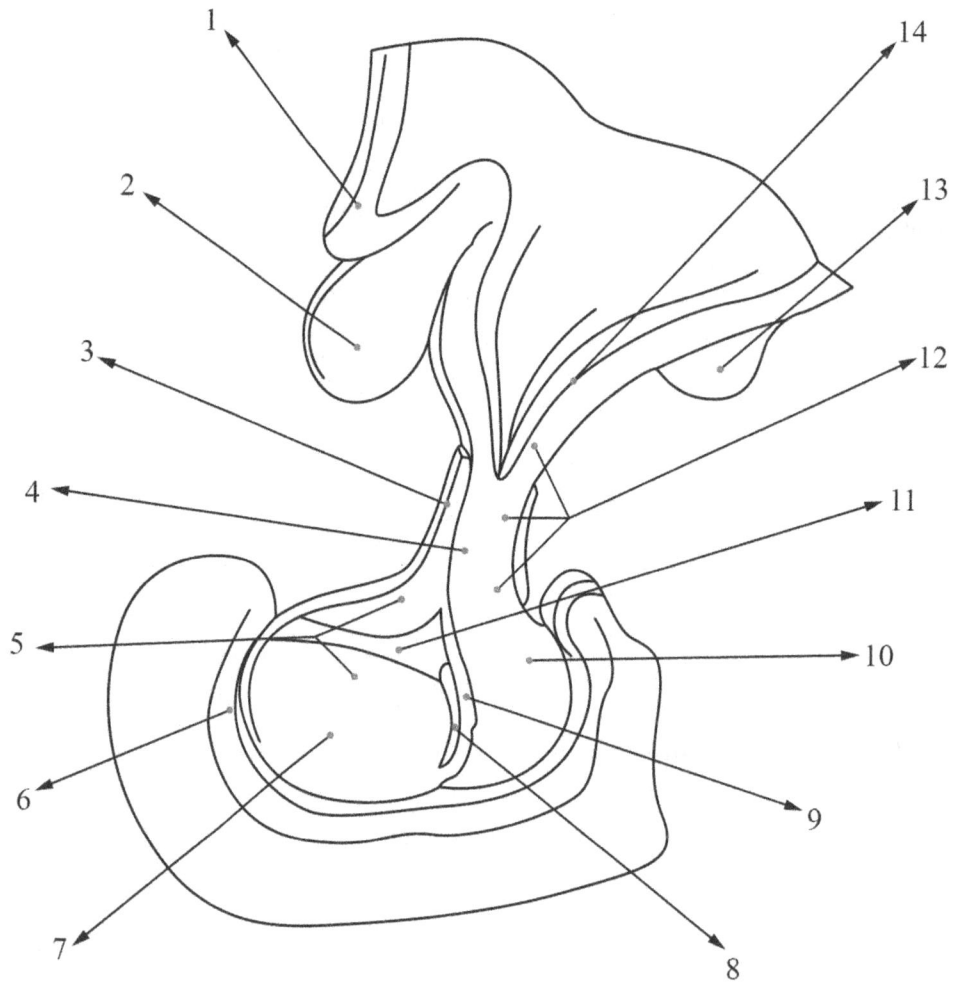

(12) Hypophysen-Pfortadersystem

Wählen Sie für jede der mit einem Farbkodierungskreis versehenen Hirnregionen eine andere Farbe und färben Sie damit sowohl die Kodierungskreise als auch die entsprechenden Strukturen in der Abbildung aus.

1. Lamina terminalis

2. Chiasma opticum (Sehnervenkreuzung)

3. Arteria hypophysea superior (Obere Hypophysenarterie)

4. Nervus opticus (Sehnerv)

5. Hypothalamische Gefäße

6. Lange Hypophysen-Portalvenen (Venae portales hypophyseos longae)

7. Infundibulum der Hypophyse (Hypophysenstiel)

8. Pars tuberalis der Adenohypophyse

9. Adenohypophyse (Hypophysenvorderlappen)

10. Arterie der Trabekel der Hypophyse (Arteria trabeculae corporis pituitarii)

11. Pars anterior der Adenohypophyse

12. Fibröse Trabekel der Adenohypophyse

13. Sekundäres Kapillarplexus des Hypophysen-Pfortadersystems

14. Hypophysenspalte (Hypophyseal cleft)

15. Pars intermedia der Adenohypophyse

16. Arteria hypophysea inferior (Untere Hypophysenarterie)

17. Kapillarplexus der Neurohypophyse

18. Pars posterior der Neurohypophyse

19. Hypophysenvene

20. Kurze Hypophysen-Portalvene

21. Neurohypophyse (Hypophysenhinterlappen)

22. Infundibulum der Neurohypophyse (Hypophysenstiel der Neurohypophyse)

23. Primäres Kapillarplexus des Hypophysen-Pfortadersystems

24. Corpora mammillaria (Mammillarkörper)

25. Eminentia mediana des Hypothalamus

26. Nucleus arcuatus hypothalami (Arkuater Kern des Hypothalamus)

27. Tractus supraoptico-hypophyseus (Supraoptiko-hypophysärer Trakt)

28. Tractus paraventriculo-hypophyseus (Paraventrikulo-hypophysärer Trakt)

29. Hypothalamus

30. Nucleus supraopticus (Supraoptischer Kern)

Notizen:-

....

....

....

....

....

....

(12) Hypophysen-Pfortadersystem

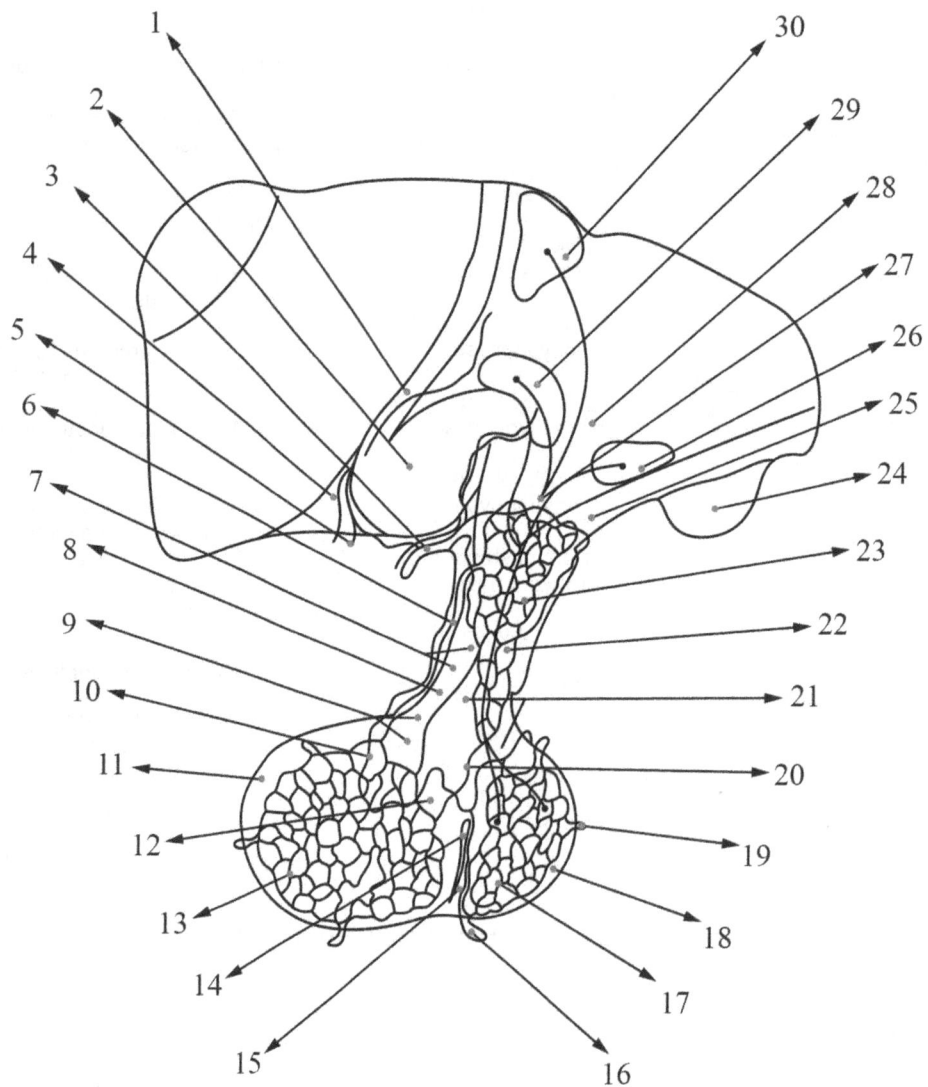

(13) Basalganglien

Wählen Sie für jede der mit einem Farbkodierungskreis versehenen Hirnregionen eine andere Farbe und färben Sie damit sowohl die Kodierungskreise als auch die entsprechenden Strukturen in der Abbildung aus.

1. Körper des Nucleus caudatus (Body of caudate nucleus)

2. Schwanz des Nucleus caudatus (Tail of caudate nucleus)

3. Kopf des Nucleus caudatus (Head of caudate nucleus)

4. Nucleus accumbens

5. Putamen

6. Lateraler Globus pallidus (Lateral segment)

7. Medialer Globus pallidus (Medial segment)

8. Corpus amygdaloideum (Amygdala / Mandelkernkomplex)

9. Substantia nigra (Schwarze Substanz)

10. Nucleus subthalamicus (Subthalamischer Kern)

11. Thalamus

12. Stria terminalis (Endstreif)

Notizen:-

....

....

....

....

....

....

....

....

(13) Basalganglien

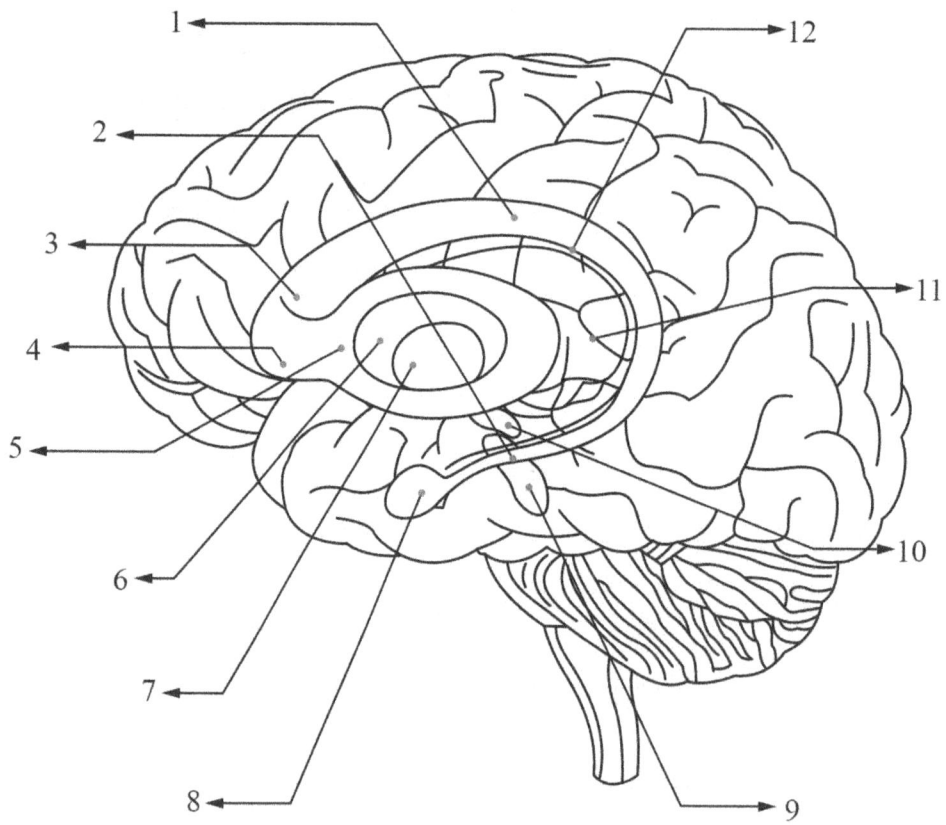

(14) Koronarschnitt des Gehirns auf Thalamus-Höhe

Wählen Sie für jede der mit einem Farbkodierungskreis versehenen Hirnregionen eine andere Farbe und färben Sie damit sowohl die Kodierungskreise als auch die entsprechenden Strukturen in der Abbildung aus.

1. Balkenkörper (Corpus corporis callosi)

2. Plexus choroideus (Gefäßgeflecht)

3. Thalamus

4. Capsula interna (Innere Kapsel)

5. Capsula extrema (Extreme Kapsel)

6. Putamen

7. Globus pallidus, internes Segment (Mediales Segment des Globus pallidus)

8. Temporalhorn des Seitenventrikels (Cornu temporale ventriculi lateralis)

9. Nucleus subthalamicus (Subthalamischer Kern)

10. Corpora mammillaria (Mammillarkörper)

11. Substantia nigra (Schwarze Substanz)

12. Hippocampus

13. Tractus opticus (Sehbahn)

14. Schwanz des Nucleus caudatus (Cauda nuclei caudati)

15. Globus pallidus, internes Segment (Mediales Segment des Globus pallidus)

16. Capsula externa (Äußere Kapsel)

17. Insula (Insellappen)

18. Nucleus lentiformis (Linsenkern)

19. Dritter Ventrikel (Ventriculus tertius)

20. Körper des Nucleus caudatus (Corpus nuclei caudati)

21. Zentralteil des Seitenventrikels

22. Körper des Fornix (Corpus fornicis)

23. Gürtelwindung (Gyrus cinguli)

Notizen:-

....

....

....

....

....

....

(14) Koronarschnitt des Gehirns auf Thalamus-Höhe

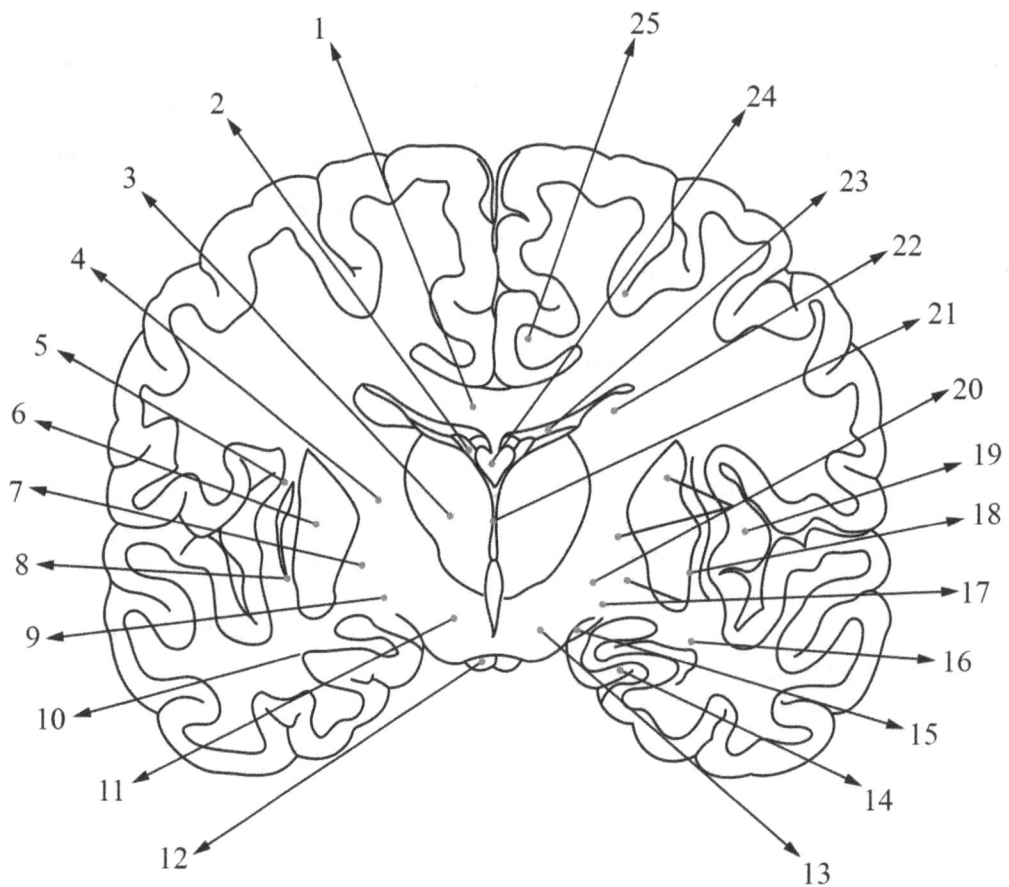

(15) Horizontalschnitt des Gehirns

Wählen Sie für jede der mit einem Farbkodierungskreis versehenen Hirnregionen eine andere Farbe und färben Sie damit sowohl die Kodierungskreise als auch die entsprechenden Strukturen in der Abbildung aus.

1. Vorderhorn des Seitenventrikels (Cornu anterius ventriculi lateralis)

2. Kopf des Nucleus caudatus (Caput nuclei caudati)

3. Säule des Fornix (Columna fornicis)

4. Capsula extrema (Extreme Kapsel)

5. Capsula externa (Äußere Kapsel)

6. Adhaesio interthalamica (Zwischenhirnverwachsung / Massa intermedia)

7. Capsula interna (Innere Kapsel)

8. Thalamus

9. Crus fornicis (Schenkel des Fornix)

10. Plexus choroideus(Gefäßgeflecht)

11. Splenium corporis callosi (Balkensplenium)

12. Zirbeldrüse (Glandula pinealis / Epiphyse)

13. Sulcus calcarinus (Spornfurche)

14. Kleinhirn (Cerebellum)

15. Hippocampus

16. Hinterhorn des Seitenventrikels (Cornu posterius ventriculi lateralis)

17. Fimbria hippocampi (Fimbria des Hippocampus)

18. Schwanz des Nucleus caudatus (Cauda nuclei caudati)

19. Habenula

20. Retrolentikulärer Teil der inneren Kapsel (Pars retrolentiformis capsulae internae)

21. Dritter Ventrikel (Ventriculus tertius)

22. Claustrum

23. Insula (Insellappen)

24. Putamen

25. Globus pallidus

26. Septum pellucidum (Durchsichtige Scheidewand)

27. Genu corporis callosi (Balkenknie)

28. Gyrus cinguli (Gürtelwindung)

Notizen:-

....

....

....

....

....

....

(15) Horizontalschnitt des Gehirns

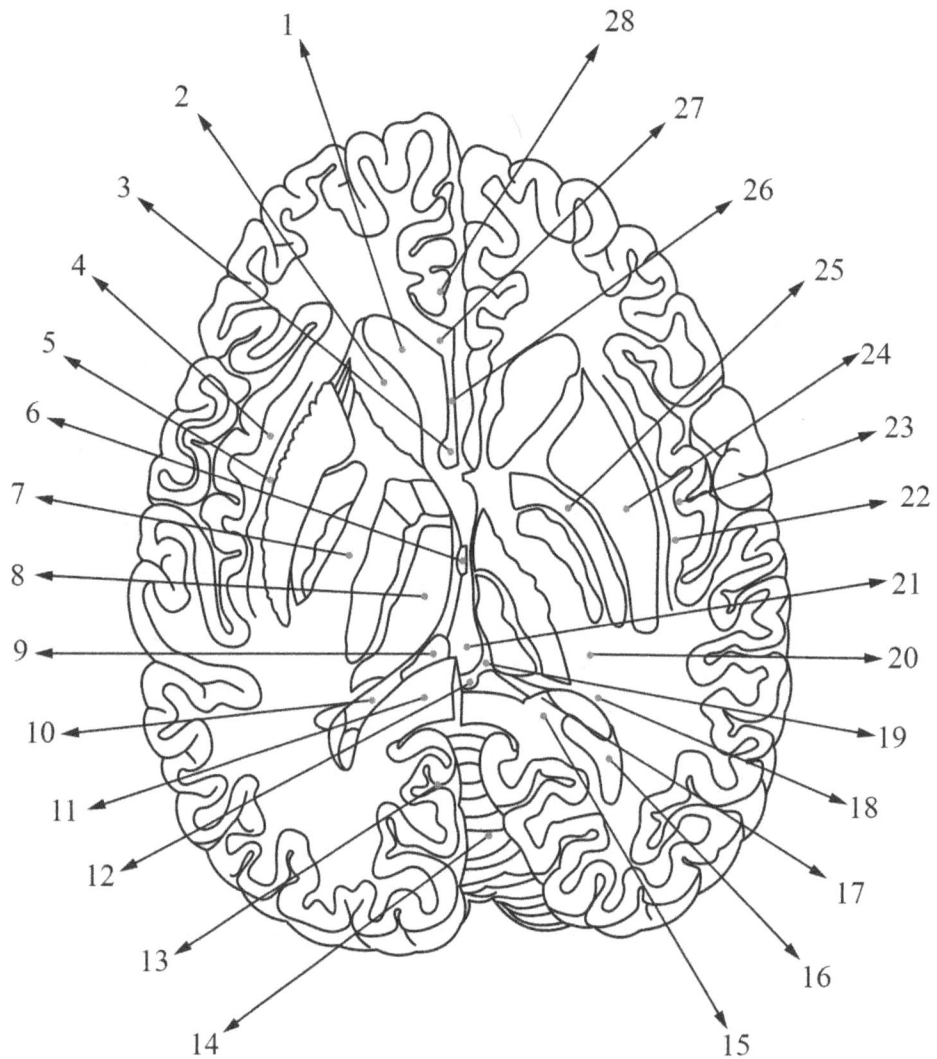

(16) Kleinhirn

Wählen Sie für jede der mit einem Farbkodierungskreis versehenen Hirnregionen eine andere Farbe und färben Sie damit sowohl die Kodierungskreise als auch die entsprechenden Strukturen in der Abbildung aus.

1. Culmen
2. Fissura prima cerebelli (Primärfurche des Kleinhirns)
3. Declive
4. Hinterlappen des Kleinhirns (Posteriorlappen)
5. Lobulus semilunaris superior (Oberer Halbmondlappen)
6. Fissura horizontalis cerebelli (Horizontalfurche des Kleinhirns)
7. Lobulus semilunaris inferior (Unterer Halbmondlappen)
8. Folium vermis
9. Lobulus simplex (Einfacher Lappen)
10. Vermis (Kleinhirnwurm)

11. Vorderlappen des Kleinhirns (Lobus anterior cerebelli)
12. Lobulus quadrangularis (Vierecklappen)
13. Lobulus centralis (Zentralläppchen)
14. Velum medullare superius (Oberes Marksegel)
15. Velum medullare inferius (Unteres Marksegel)
16. Pedunculus cerebellaris medius (Mittlerer Kleinhirnstiel)
17. Lobus flocculonodularis (Flocculonodularlappen)
18. Flocculus
19. Lobulus biventer (Biventer-Läppchen)
20. Fissura retrotonsillaris cerebelli (Retrotonsilläre Furche des Kleinhirns)

21. Tonsilla cerebelli (Kleinhirntonsille)
22. Pyramis vermis (Pyramide des Wurms)
23. Uvula vermis (Uvula des Wurms)
24. Pedunculus cerebellaris inferior (Unterer Kleinhirnstiel)
25. Nodulus vermis (Nodus des Wurms)
26. Pedunculus cerebellaris superior (Oberer Kleinhirnstiel)
27. Vierter Ventrikel (Ventriculus quartus)
28. Lingula cerebelli (Lingula des Kleinhirns)

Notizen:-

....

....

....

....

....

(16) Kleinhirn

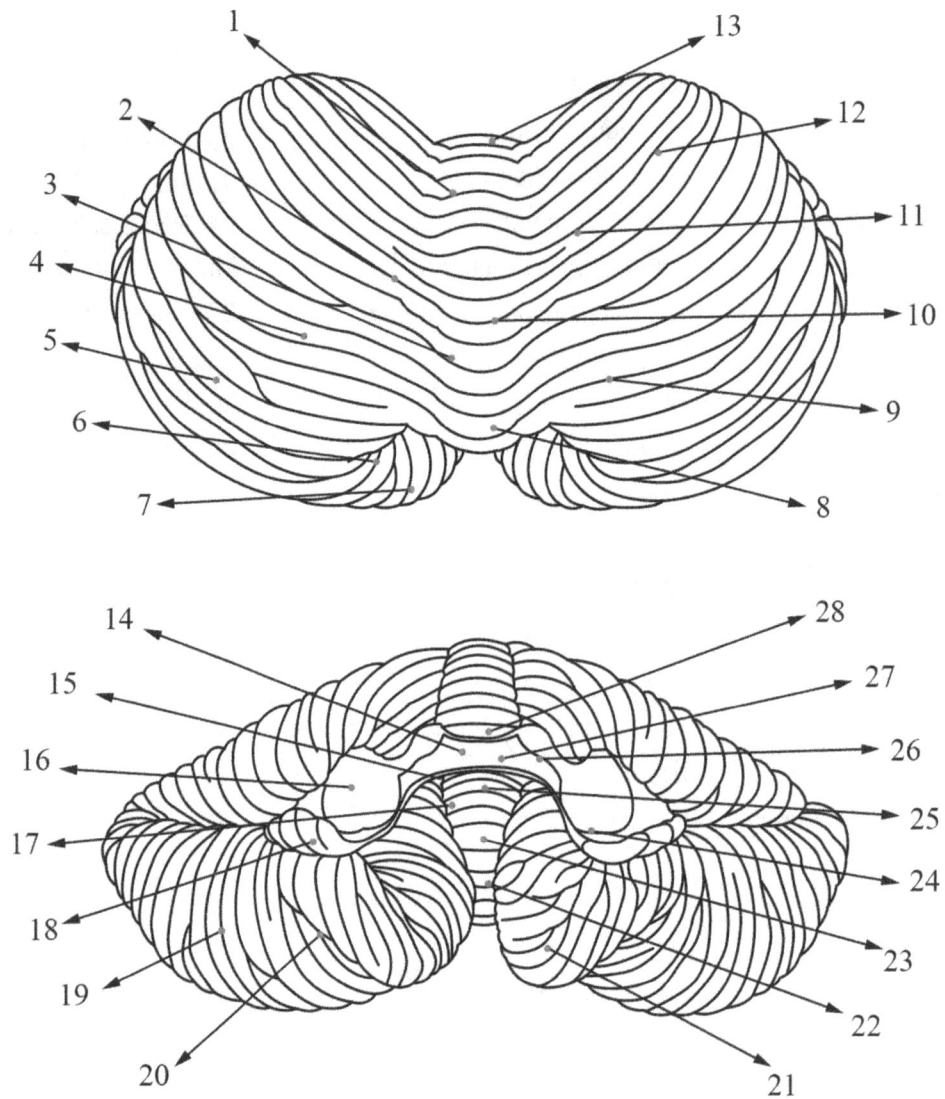

(17) Kleinhirnkerne

Wählen Sie für jede der mit einem Farbkodierungskreis versehenen Hirnregionen eine andere Farbe und färben Sie damit sowohl die Kodierungskreise als auch die entsprechenden Strukturen in der Abbildung aus.

1. Velum medullare superius (Oberes

Marksegel)

2. Pedunculus cerebellaris superior (Oberer

Kleinhirnstiel)

3. Lingula cerebelli (Lingula des Kleinhirns)

4. Nucleus emboliformis (Emboliformer Kern)

5. Nucleus fastigii (Fastigialkern)

6. Vermis (Kleinhirnwurm)

7. Nucleus dentatus (Gezahnter Kern)

8. Nuclei globosi (Globose Kerne)

9. Vierter Ventrikel (Ventriculus quartus)

10. Fasciculus longitudinalis medialis

(Mediales Längsbündel)

11. Decussatio pedunculorum cerebellarium

superiorum (Kreuzung der oberen

Kleinhirnstiele)

Notizen:-

....

....

....

....

....

....

....

....

(17) Kleinhirnkerne

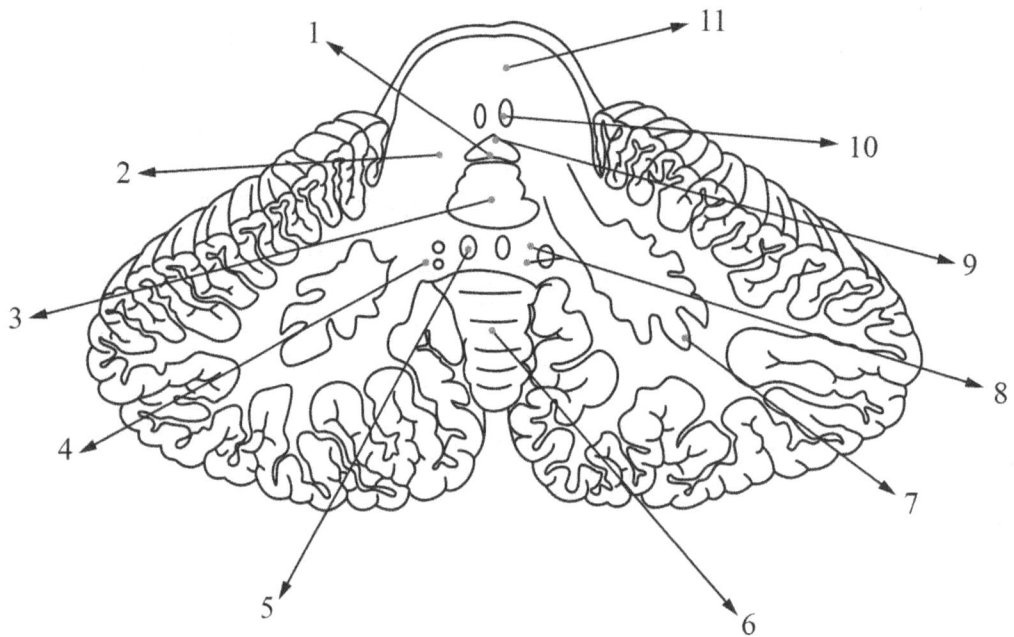

(18) Hirnstamm

Wählen Sie für jede der mit einem Farbkodierungskreis versehenen Hirnregionen eine andere Farbe und färben Sie damit sowohl die Kodierungskreise als auch die entsprechenden Strukturen in der Abbildung aus.

1. Dritter Ventrikel (Ventriculus tertius)
2. Taenia thalami
3. Choroidlinie (Linea choroidea / Taenia choroidea)
4. Nucleus caudatus (Schwanzkern)
5. Zirbeldrüse (Glandula pinealis / Epiphyse)
6. Colliculus superior (Oberer Hügel)
7. Pedunculus cerebri (Hirnschenkel)
8. Colliculus inferior (Unterer Hügel)
9. Frenulum veli medullaris superioris (Frenulum des oberen Marksegels)
10. Velum medullare superius (Oberes Marksegel)
11. Locus coeruleus
12. Pedunculus cerebellaris inferior (Unterer Kleinhirnstiel)
13. Eminentia medialis (Mediale Eminenz)

14. Area vestibularis (Vestibuläres Feld)
15. Trigonum nervi hypoglossi (Hypoglossusdreieck)
16. Tuberculum trigeminale (Trigeminuswulst)
17. Trigonum nervi vagi (Vagusdreieck)
18. Fasciculus cuneatus (Cuneatusbündel)
19. Fasciculus gracilis (Gracilisbündel)
20. Sulcus medianus posterior (Hintere Mittelfurche)
21. Lateralfuniculus (Lateralstrang)
22. Tuberculum cuneatum (Cuneatus-Höcker)
23. Tuberculum gracile (Gracile-Höcker)
24. Obex
25. Kleinhirn (Cerebellum)
26. Medulläre Streifen des vierten Ventrikels (Striae medullares ventriculi quarti)

27. Gezahnter Kern (Nucleus dentatus)
28. Kleinhirnrinde (Cortex cerebelli)
29. Oberer Kleinhirnstiel (Pedunculus cerebellaris superior)
30. Mittlerer Kleinhirnstiel (Pedunculus cerebellaris medius)
31. Nervus trochlearis (Trochlearisnerv)
32. Nucleus geniculatus lateralis (Lateraler Kniehöcker)
33. Nucleus geniculatus medialis (Medialer Kniehöcker)
34. Trigonum habenulae (Habenulardreieck)
35. Thalamus
36. Stria terminalis (Endstreif)
37. Tuberculum anterius thalami (Vorderer Thalamus-Höcker)

Notizen:-

....

....

(18) Hirnstamm

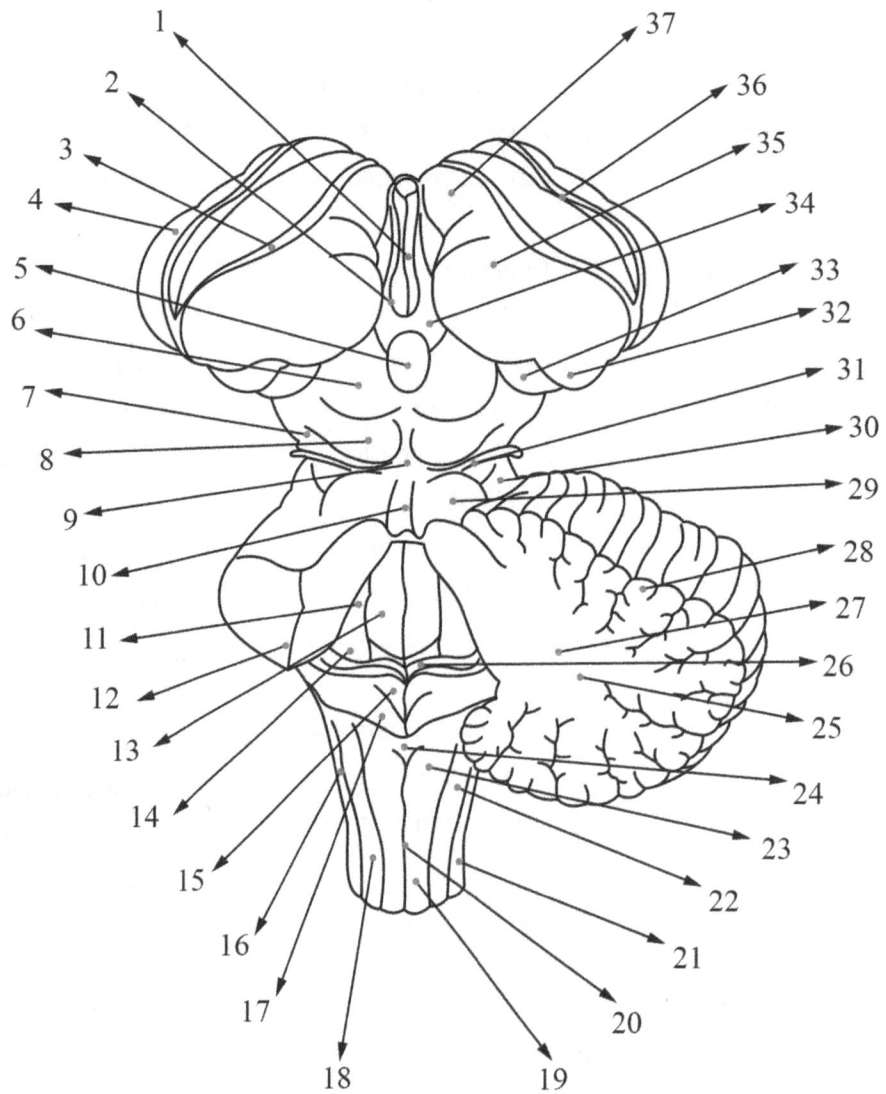

(19) Vordere Ansicht des Hirnstamms

Wählen Sie für jede der mit einem Farbkodierungskreis versehenen Hirnregionen eine andere Farbe und färben Sie damit sowohl die Kodierungskreise als auch die entsprechenden Strukturen in der Abbildung aus.

1. Tractus olfactorius (Riechbahn)
2. Area hypothalamica intermedia (Intermediäres Hypothalamusgebiet)
3. Nervus oculomotorius (Okulomotoriusnerv)
4. Pedunculus cerebri (Hirnschenkel)
5. Tractus opticus (Sehbahn)
6. Pons (Brücke)
7. Nervus trigeminus (Trigeminusnerv)
8. Nervus abducens (Abduzensnerv)
9. Nervus vestibulocochlearis (Vestibulocochlearisnerv)
10. Nuclei olivares (Olivenkerne)

11. Nervus vagus (Vagusnerv)
12. Plexus choroideus des vierten Ventrikels
13. Pyramides medullae oblongatae (Medulläre Pyramiden)
14. Decussatio pyramidum (Pyramidenkreuzung)
15. Radix anterior (Vordere Wurzelwurzeln)
16. Pars cervicalis medullae spinalis (Halsmark / Zervikalteil des Rückenmarks)
17. Nervus accessorius (Accessoriusnerv)
18. Nervus hypoglossus (Hypoglossusnerv)
19. Nervus glossopharyngeus (Glossopharyngeusnerv)
20. Flocculus

21. Nervus facialis (Gesichtsnerv)
22. Substantia perforata posterior (Hintere perforierte Substanz)
23. Nervus trochlearis (Trochlearisnerv)
24. Temporallappen (Schläfenlappen)
25. Corpora mammillaria (Mammillarkörper)
26. Infundibulum der Hypophyse (Hypophysenstiel)
27. Substantia perforata anterior (Vordere perforierte Substanz)
28. Chiasma opticum (Sehnervenkreuzung)
29. Nervus opticus (Sehnerv)

Notizen:-

....

....

....

....

....

(19) Vordere Ansicht des Hirnstamms

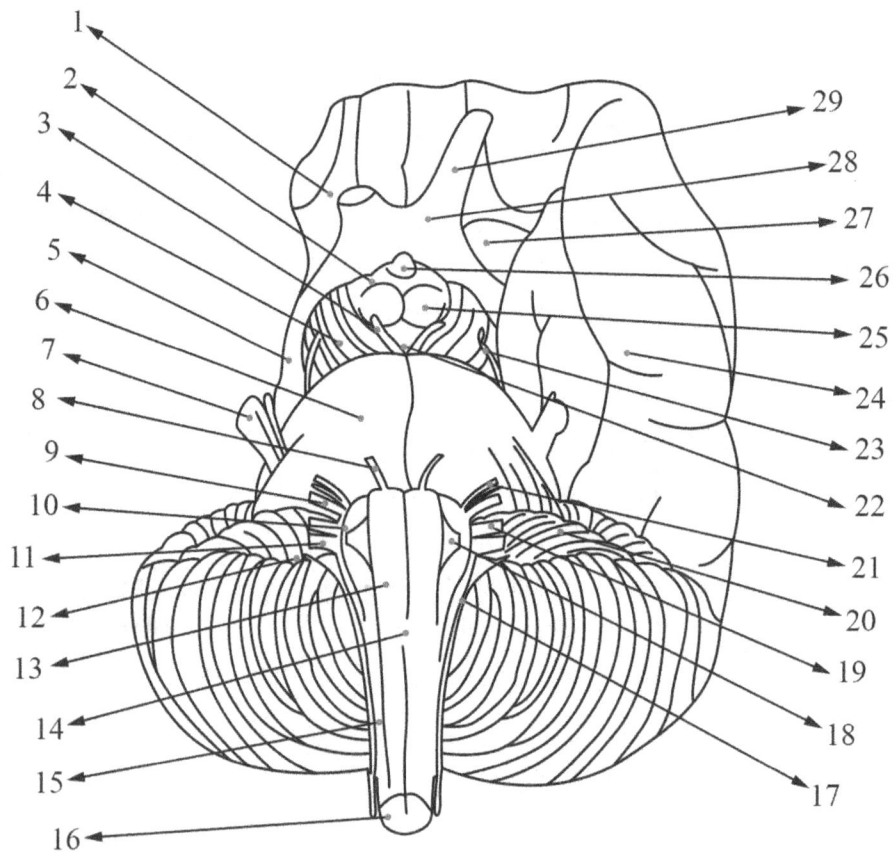

(20) Hirnnervenkerne

Wählen Sie für jede der mit einem Farbkodierungskreis versehenen Hirnregionen eine andere Farbe und färben Sie damit sowohl die Kodierungskreise als auch die entsprechenden Strukturen in der Abbildung aus.

1. Nucleus ruber (Roter Kern)

2. Nervus oculomotorius (Okulomotoriusnerv)

3. Pons (Brücke)

4. Nervus abducens (Abduzensnerv)

5. Nervus hypoglossus (Hypoglossusnerv)

6. Nervus accessorius (Accessoriusnerv)

7. Nucleus accessorius nervi oculomotorii (Edinger-Westphal-Kern / Akzessorischer Okulomotoriuskern)

8. Nucleus nervi oculomotorii (Okulomotoriuskern)

9. Nervus trochlearis (Trochlearisnerv)

10. Nucleus motorius nervi trigemini (Motorischer Trigeminuskern) / Nervus trigeminus (Trigeminusnerv)

11. Nucleus nervi abducentis (Abduzenskern)

12. Nucleus nervi facialis (Facialiskern)

13. Nucleus salivatorius superior (Oberer Speichelkern)

14. Nucleus salivatorius inferior (Unterer Speichelkern)

15. Nervus facialis (Gesichtsnerv)

16. Nucleus ambiguus

17. Nervus vagus (Vagusnerv)

18. Nucleus nervi hypoglossi (Hypoglossuskern)

19. Nervus accessorius (Accessoriusnerv)

20. Nucleus spinalis nervi accessorii (Spinaler Accessoriuskern)

21. Mesencephalon (Mittelhirn)

22. Kleinhirn (Cerebellum)

23. Medulla oblongata (Verlängertes Mark)

24. Olivenkerne (Nuclei olivares)

25. Colliculus superior (Oberer Hügel)

26. Nucleus nervi trochlearis (Trochleariskern)

27. Nucleus geniculatus lateralis (Lateraler Kniehöcker)

28. Nucleus mesencephalicus nervi trigemini (Mesenzephaler Kern des Trigeminus)

29. Ganglion trigeminale (Trigeminusganglion / Gasser-Ganglion)

30. Nucleus principalis nervi trigemini (Hauptsensorischer Kern des Trigeminus)

31. Nucleus tractus solitarii und Tractus solitarius (Einsamer Kern und Einsamer Trakt)

32. Nuclei vestibulares (Vestibulärkerne)

33. Nucleus cochlearis anterior (Vorderer Hörkern)

34. Nucleus cochlearis posterior (Hinterer Hörkern)

35. Nervus vestibulocochlearis (Vestibulocochlearisnerv)

36. Nervus glossopharyngeus (Glossopharyngeusnerv)

37. Nucleus spinalis nervi trigemini und Tractus spinalis nervi trigemini (Spinaler Kern und Spinaltrakt des Trigeminus)

38. Nucleus dorsalis nervi vagi (Dorsaler Vaguskern)

(20) Hirnnervenkerne

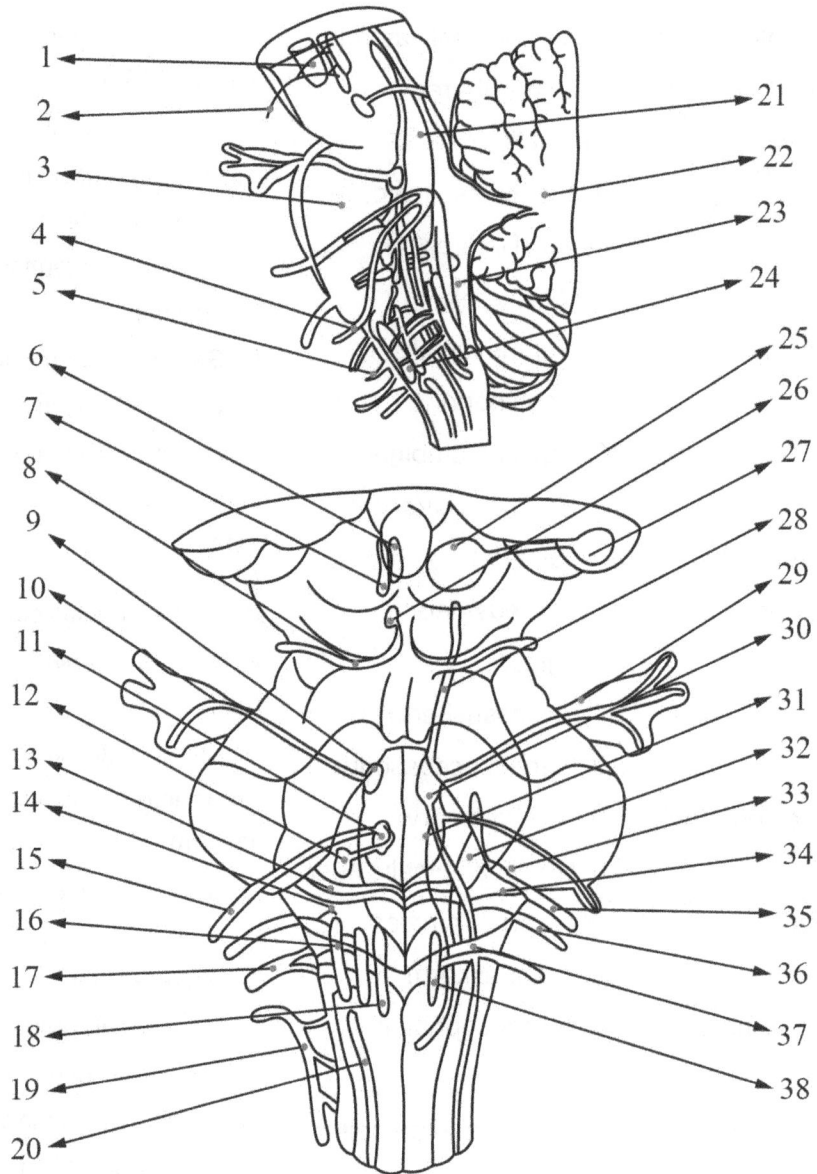

(21) Medulla oblongata: Höhe des Nervus hypoglossus

Wählen Sie für jede der mit einem Farbkodierungskreis versehenen Hirnregionen eine andere Farbe und färben Sie damit sowohl die Kodierungskreise als auch die entsprechenden Strukturen in der Abbildung aus.

1. Nucleus tractus solitarii (Einsamer Kern)

2. Tractus solitarius (Einsamer Trakt)

3. Nucleus cuneatus (Cuneatuskern)

4. Fasciculus longitudinalis medialis (Mediales Längsbündel)

5. Nucleus ambiguus

6. Fibrae arcuatae internae (Innere Bogenfasern)

7. Tractus tegmentalis centralis (Zentraler Haubenstrang)

8. Lemniscus medialis (Mediales Schleifenbündel)

9. Fibrae arcuatae superficiales (Oberflächliche Bogenfasern)

10. Tractus pyramidalis (Pyramidenbahn)

11. Nucleus arcuatus (Arkuater Kern)

12. Tractus olivocerebellaris (Olivocerebellarer Trakt)

13. Nuclei olivares (Olivenkerne)

14. Nucleus olivaris accessorius posterior (Hinterer akzessorischer Olivenkern)

15. Nucleus reticularis lateralis (Laterales retikuläres Kerngebiet)

16. Tractus spinalis nervi trigemini (Spinaltrakt des Trigeminus)

17. Nucleus spinalis nervi trigemini (Spinaler Trigeminuskern)

18. Nervus hypoglossus (Hypoglossusnerv)

19. Nucleus nervi hypoglossi (Hypoglossuskern)

20. Nucleus dorsalis nervi vagi (Dorsaler Vaguskern)

21. Nucleus gracilis (Gracile-Kern)

Notizen:-

....

....

....

....

....

....

(21) Medulla oblongata: Höhe des Nervus hypoglossus

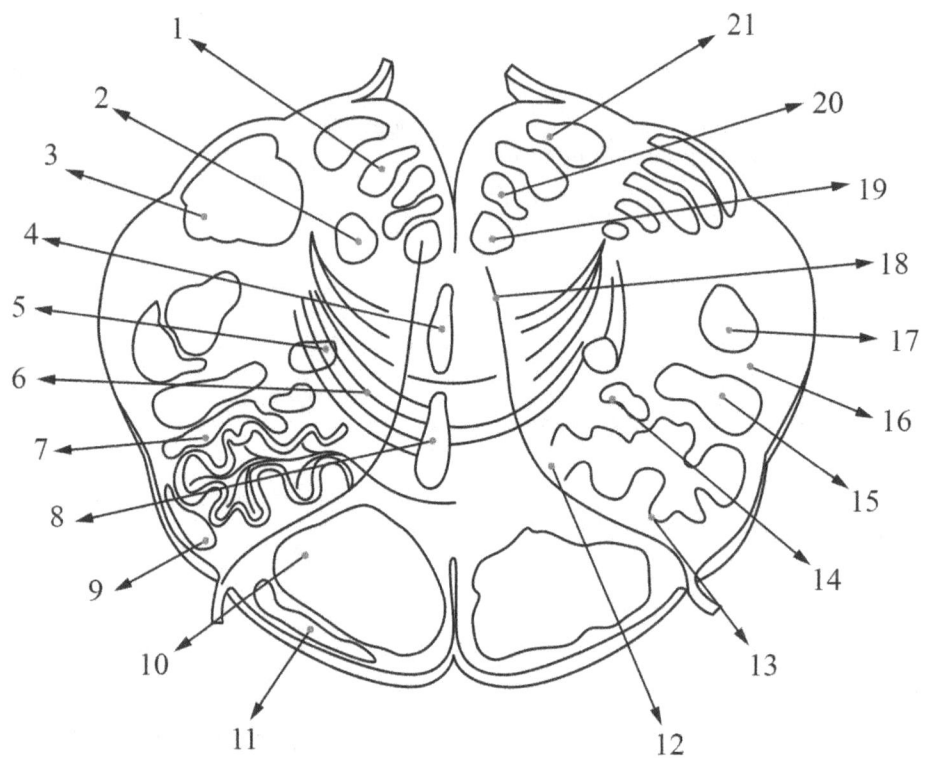

1

2

3

4

5

6

7

8

9

10

11

12

13

14

15

16

17

18

19

20

21

(22) Medulla oblongata: Höhe des Nervus vagus

Wählen Sie für jede der mit einem Farbkodierungskreis versehenen Hirnregionen eine andere Farbe und färben Sie damit sowohl die Kodierungskreise als auch die entsprechenden Strukturen in der Abbildung aus.

1. Nucleus vestibularis medialis (Medialer Vestibulärkern)

2. Nucleus posterior nervi vagi (Hinterer Vaguskern)

3. Pedunculus cerebellaris inferior (Unterer Kleinhirnstiel)

4. Nucleus spinalis nervi trigemini (Spinaler Trigeminuskern)

5. Fasciculus longitudinalis medialis (Mediales Längsbündel)

6. Nucleus reticularis lateralis (Laterales retikuläres Kerngebiet)

7. Tractus spinothalamicus (Spinothalamische Bahn)

8. Nucleus olivaris accessorius medialis (Medialer akzessorischer Olivenkern)

9. Lemniscus medialis (Mediales Schleifenbündel)

10. Tractus pyramidalis (Pyramidenbahn)

11. Nucleus olivaris inferior (Unterer Olivenkern)

12. Raphekerne (Nuclei raphes)

13. Nucleus olivaris accessorius dorsalis (Dorsaler akzessorischer Olivenkern)

14. Tractus spinocerebellaris (Spinocerebellare Bahn)

15. Nucleus ambiguus

16. Formatio reticularis (Retikulärformation)

17. Tractus spinalis nervi trigemini (Spinaltrakt des Trigeminus)

18. Nucleus cuneatus (Cuneatuskern)

19. Nucleus Roller

20. Nucleus nervi hypoglossi (Hypoglossuskern)

Notizen:-

....

....

....

....

....

....

(22) Medulla oblongata: Höhe des Nervus vagus

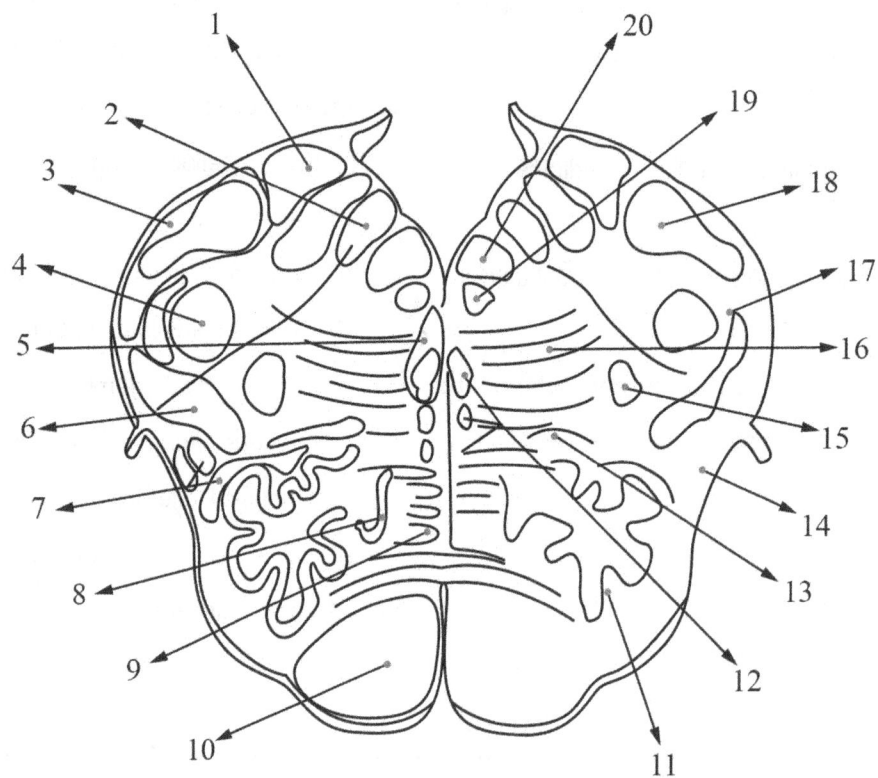

(23) Ventrikel des Gehirns

Wählen Sie für jede der mit einem Farbkodierungskreis versehenen Hirnregionen eine andere Farbe und färben Sie damit sowohl die Kodierungskreise als auch die entsprechenden Strukturen in der Abbildung aus.

1. Linker Seitenventrikel

2. Foramen interventriculare (Monro-Foramen)

3. Vorderhorn des Seitenventrikels (Cornu anterius ventriculi lateralis)

4. Rechter Seitenventrikel

5. Dritter Ventrikel (Ventriculus tertius)

6. Recessus supraopticus (Supraoptischer Recessus)

7. Recessus infundibuli (Infundibulärer Recessus)

8. Schläfenhorn des Seitenventrikels (Cornu temporale ventriculi lateralis)

9. Zentralkanal des Rückenmarks (Canalis centralis medullae spinalis)

10. Recessus lateralis (Lateraler Recessus des vierten Ventrikels)

11. Vierter Ventrikel (Ventriculus quartus)

12. Aquaeductus cerebri (Cerebraler Aquädukt / Sylvischer Wassergang)

13. Hinterhorn des Seitenventrikels (Cornu posterius ventriculi lateralis)

14. Trigonum collaterale (Kollateraldreieck)

15. Recessus pinealis (Pinealisrezessus / Zirbelrezessus)

16. Recessus suprapinealis (Suprapinealisrezessus)

17. Zentralteil des Seitenventrikels (Pars centralis ventriculi lateralis)

Notizen:-

....

....

....

....

....

....

(23) Ventrikel des Gehirns

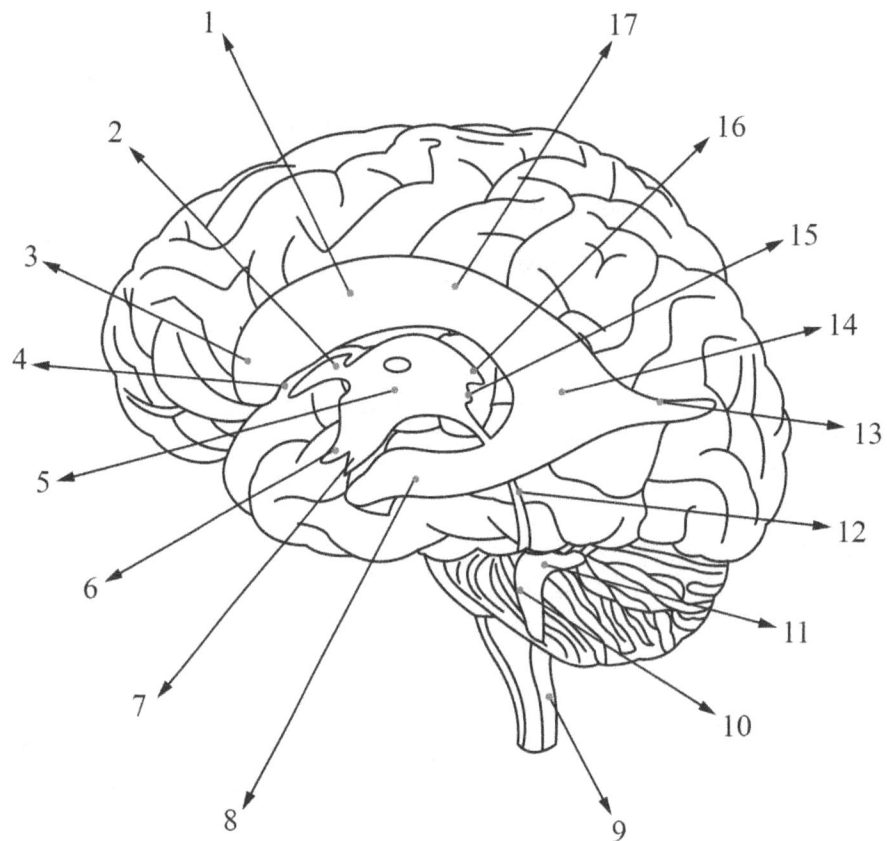

(24) Arterien des Gehirns

Wählen Sie für jede der mit einem Farbkodierungskreis versehenen Hirnregionen eine andere Farbe und färben Sie damit sowohl die Kodierungskreise als auch die entsprechenden Strukturen in der Abbildung aus.

1. Arteria sulci precentralis (Arterie der Präzentralfurche)

2. Arteria parietalis posterior (Hintere Scheitelarterie)

3. Arteria parietalis anterior (Vordere Scheitelarterie)

4. Ramus angularis arteriae cerebri mediae (Angularis-Ast der mittleren Hirnarterie)

5. Ramus temporalis medius arteriae cerebri mediae (Mittlerer Schläfenast der mittleren Hirnarterie)

6. Rami terminales superiores et inferiores arteriae cerebri mediae (Obere und untere Endäste der mittleren Hirnarterie)

7. Arteria cerebri media (Mittlere Hirnarterie)

8. Arteria frontobasalis lateralis (Laterale frontobasale Arterie)

9. Arteria sulci prefrontalis (Arterie der präfrontalen Furche)

10. Arteria sulci centralis (Arterie der Zentralfurche)

11. Rami cingulares (Cingularäste)

12. Arteria pericallosa (Perikallosale Arterie)

13. Arteria callosomarginalis (Kallosomarginale Arterie)

14. Rami frontales arteriae cerebri mediae (Frontale Äste der mittleren Hirnarterie)

15. Arteria frontopolaris (Frontopolare Arterie)

16. Arteria cerebri anterior dextra (Rechte vordere Hirnarterie)

17. Arteria frontobasalis medialis (Mediale frontobasale Arterie)

18. Arteria communicans anterior (Vordere Kommunikationsarterie)

19. Arteria carotis interna dextra (Rechte innere Halsschlagader)

20. Arteria communicans posterior (Hintere Kommunikationsarterie)

21. Rechte hintere Hirnarterie (Arteria cerebri posterior dextra)

22. Arteria temporalis anterior (Vordere Schläfenarterie)

23. Arteria temporalis posterior (Hintere Schläfenarterie)

24. Arteria occipitalis medialis (Mediale Hinterhauptsarterie)

25. Ramus calcarinus (Kalkariner Ast / Ramus calcarinus)

26. Ramus parietooccipitalis der Arteria occipitalis medialis (Parieto-okzipitaler Ast der medialen Hinterhauptsarterie)

27. Dorsaler Balkenast (Ramus dorsalis corporis callosi)

28. Präzuneale Äste der Arteria pericallosa (Precuneale Äste der perikallosalen Arterie)

29. Arteria paracentralis (Parazentrale Arterie)

Notizen:-

....

....

....

(24) Arterien des Gehirns

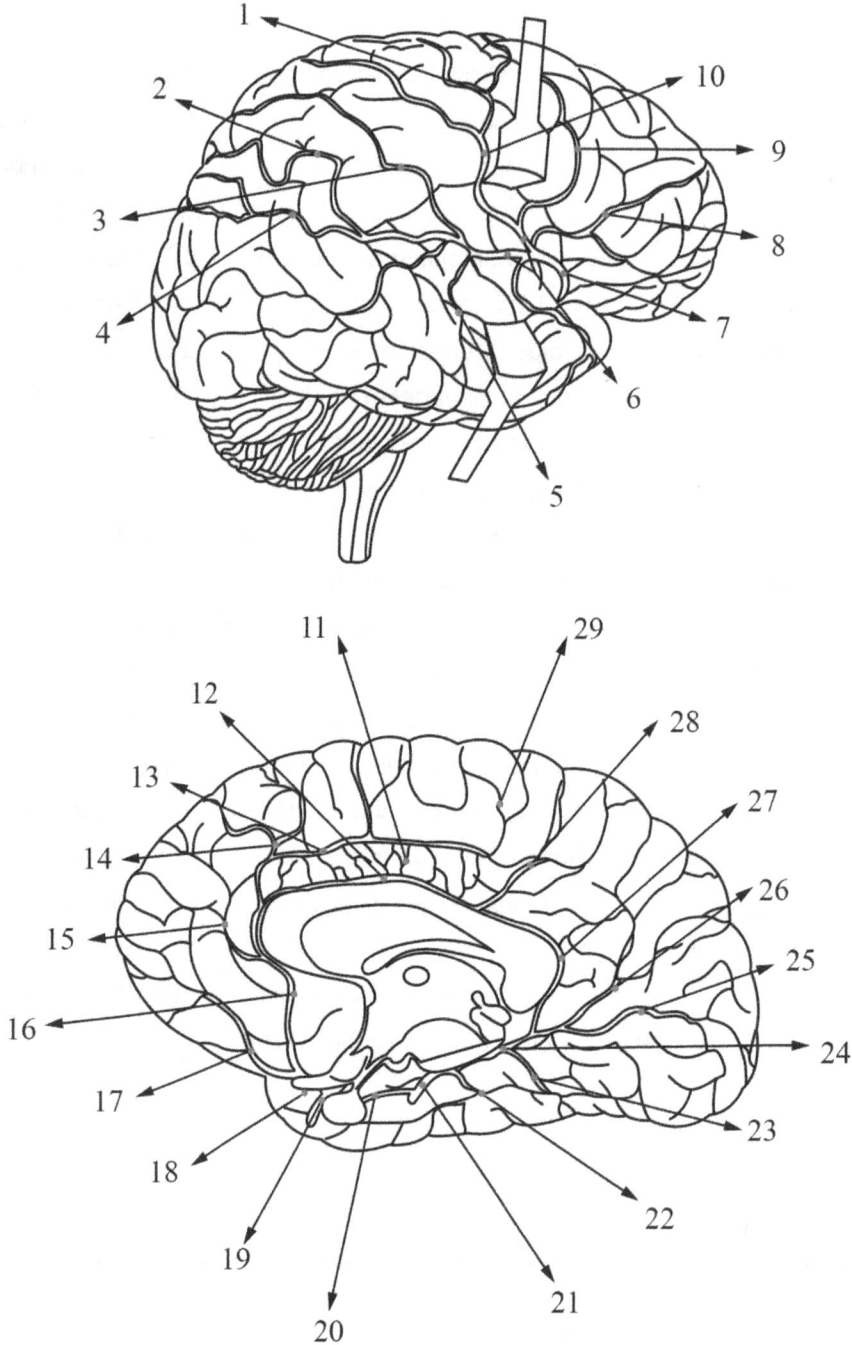

(25) Arterien des Gehirns II

Wählen Sie für jede der mit einem Farbkodierungskreis versehenen Hirnregionen eine andere Farbe und färben Sie damit sowohl die Kodierungskreise als auch die entsprechenden Strukturen in der Abbildung aus.

1. Arteria cerebri anterior (Vordere Hirnarterie)

2. Arteria frontobasalis lateralis (Laterale frontobasale Arterie)

3. Arteria cerebri media (Mittlere Hirnarterie)

4. Arteria sulci prefrontalis (Arterie der präfrontalen Furche)

5. Arteria communicans posterior (Hintere Kommunikationsarterie)

6. Arteria cerebelli superior (Obere Kleinhirnarterie)

7. Arteria cerebri posterior (Hintere Hirnarterie)

8. Arteria labyrinthi (Labyrintharterie / Arteria auditiva interna)

9. Arteria vertebralis (Wirbelarterie)

10. Arteria cerebelli inferior posterior (Hintere untere Kleinhirnarterie)

11. Arteria spinalis anterior (Vordere Spinalarterie)

12. Arteria cerebelli inferior anterior (Vordere untere Kleinhirnarterie)

13. Arteria basilaris (Basilararterie)

14. Arteriae pontis (Pontine Arterien / Brückenarterien)

15. Arteria choroidea anterior (Vordere Choroidalarterie)

16. Arteria carotis interna (Innere Halsschlagader)

17. Arteria communicans anterior (Vordere Kommunikationsarterie)

18. Arteria frontobasalis medialis (Mediale frontobasale Arterie)

Notizen:-

....

....

....

....

....

....

(25) Arterien des Gehirns II

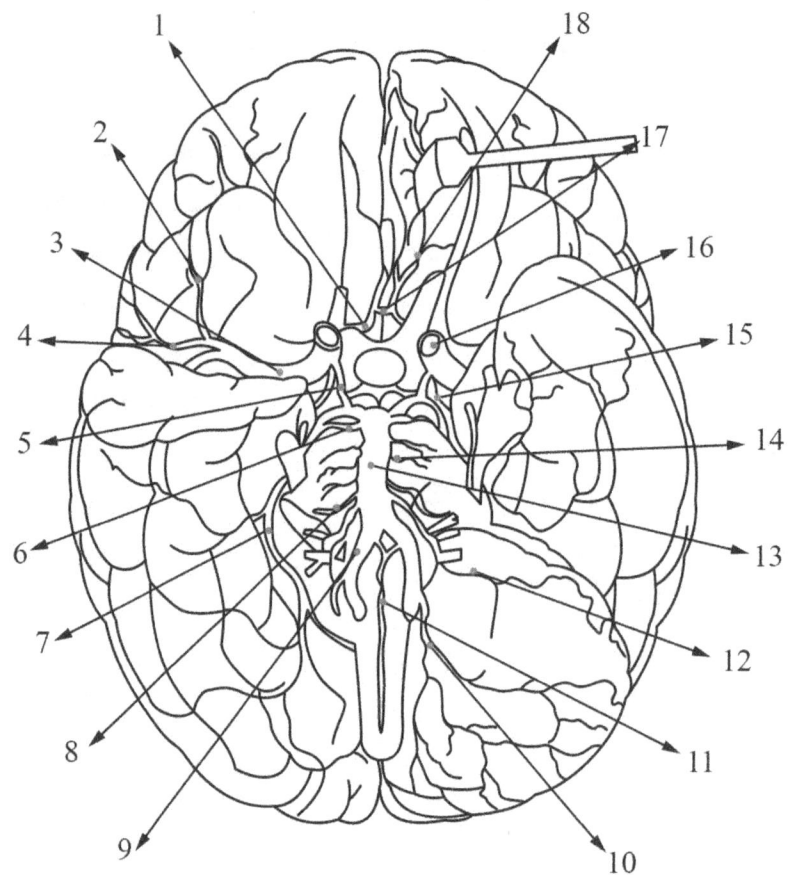

(26) Oberflächliche Venen des Gehirns

Wählen Sie für jede der mit einem Farbkodierungskreis versehenen Hirnregionen eine andere Farbe und färben Sie damit sowohl die Kodierungskreise als auch die entsprechenden Strukturen in der Abbildung aus.

1. Sinus sagittalis inferior (Unterer sagittaler Sinus)

2. Vena cerebri anterior (Vordere Hirnvene)

3. Vena basalis (Basalvene / Rosenthal-Vene)

4. Vena cerebelli superior (Obere Kleinhirnvene)

5. Vena cerebri magna (Große Hirnvene / Galen-Vene)

6. Vena occipitalis interna (Innere Hinterhauptsvene)

7. Sinus rectus (Gerader Sinus)

8. Vena medullaris posteromediana (Posteromediane Markvene)

9. Sinus sagittalis superior (Oberer sagittaler Sinus)

10. Venae cerebri superiores (Obere Hirnvenen)

11. Vena cerebri media superficialis (Oberflächliche mittlere Hirnvene)

12. Sinus petrosus superior (Oberer Felsenbein-Sinus)

13. Sinus petrosus inferior (Unterer Felsenbein-Sinus)

14. Vena petrosa (Petrosalvene)

15. Vena jugularis interna (Innere Drosselvene)

16. Sinus sigmoideus (Sigma-Sinus)

17. Sinus occipitalis (Okzipitalsinus)

18. Confluens sinuum (Sinus-Zusammenfluss / Torcular Herophili)

19. Sinus transversus (Quersinus / Transversalsinus)

20. Vena anastomotica inferior (Untere anastomotische Vene / Labbé-Vene)

21. Vena anastomotica superior (Obere anastomotische Vene / Trolard-Vene)

Notizen:-

....

....

....

....

....

....

(26) Oberflächliche Venen des Gehirns

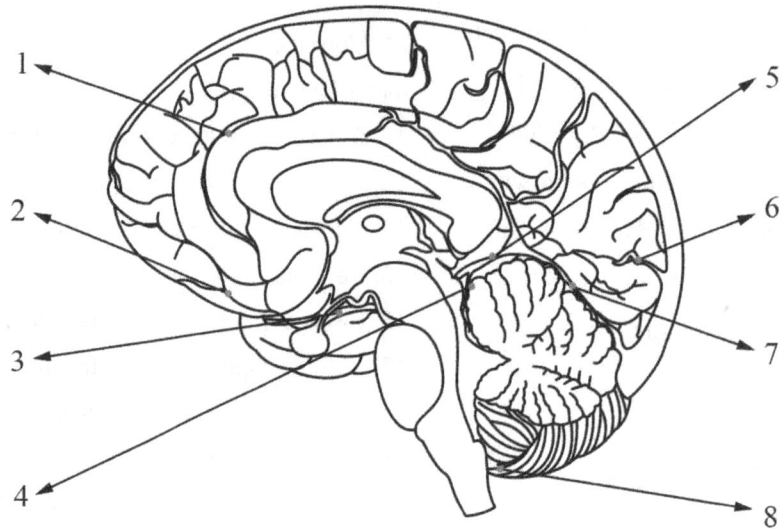

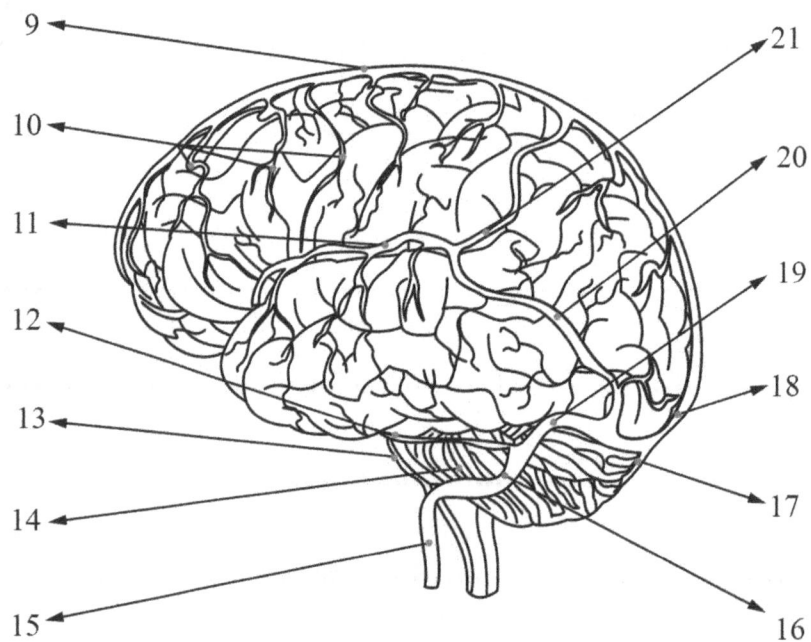

(27) Oberflächliche Venen des Gehirns II

Wählen Sie für jede der mit einem Farbkodierungskreis versehenen Hirnregionen eine andere Farbe und färben Sie damit sowohl die Kodierungskreise als auch die entsprechenden Strukturen in der Abbildung aus.

1. Vena cerebri anterior (Vordere Hirnvene)

2. Vena cerebri media profunda (Tiefe mittlere Hirnvene)

3. Vena intrapeduncularis (Intrapedunkuläre Vene)

4. Vena basalis (Basalvene / Rosenthal-Vene)

5. Confluens venosus posterior (Hinterer Venenzusammenfluss)

6. Sinus occipitalis (Okzipitalsinus)

7. Vena communicans anterior (Vordere Kommunikationsvene)

8. Vena choroidea inferior (Untere Choroidalvene)

9. Vena cerebri interna (Innere Hirnvene)

10. Vena cerebri magna (Große Hirnvene / Galen-Vene)

11. Sinus rectus (Gerader Sinus)

12. Confluens sinuum (Sinus-Zusammenfluss / Torcular Herophili)

13. Sinus intercavernosus anterior (Vorderer Schwellkörper-Sinus)

14. Sinus intercavernosus posterior (Hinterer Schwellkörper-Sinus)

15. Vena pontomesencephalica (Pontomesenzephale Vene)

16. Vena pontina anteromediana (Vordere mediane Brückenvene)

17. Venae petrosae superiores (Obere Felsenbeinvenen)

18. Vena pontina anterolateralis (Vordere laterale Brückenvene)

19. Vena medullaris transversa (Transverse Markvene)

20. Vena medullaris anteromediana (Vordere mediane Markvene)

21. Vena medullaris anterolateralis (Vordere laterale Markvene)

22. Vena medullaris posteromediana (Hintere mediane Markvene)

23. Sinus transversus (Quersinus / Transversalsinus)

24. Vena cerebelli (Kleinhirnvene)

25. Sinus sigmoideus (Sigma-Sinus)

26. Sinus petrosus inferior (Unterer Felsenbein-Sinus)

27. Vena cerebelli superior (Obere Kleinhirnvene)

28. Sinus petrosus superior (Oberer Felsenbein-Sinus)

29. Vena transversa pontis (Transverse Brückenvene)

30. Sinus cavernosus (Höhlen-Sinus / Kavernöser Sinus)

31. Vena cerebri media superficialis (Oberflächliche mittlere Hirnvene)

32. Sinus sphenoparietalis (Sphenoparietal-Sinus)

33. Vena ophthalmica inferior (Untere Augenvene)

34. Vena ophthalmica superior (Obere Augenvene)

Notizen:-

....

....

....

(27) Oberflächliche Venen des Gehirns II

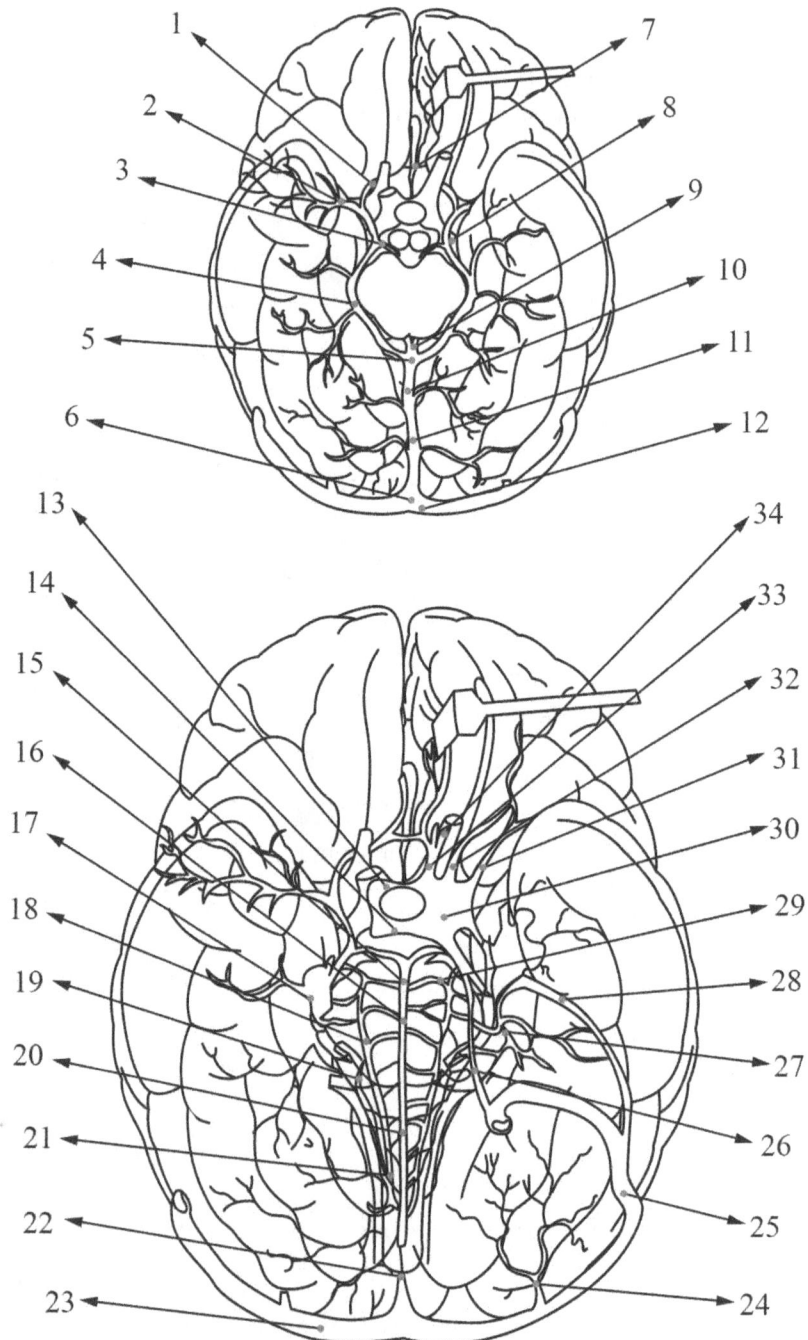

(28) Hirnhäute

Wählen Sie für jede der mit einem Farbkodierungskreis versehenen Hirnregionen eine andere Farbe und färben Sie damit sowohl die Kodierungskreise als auch die entsprechenden Strukturen in der Abbildung aus.

1. Dura mater (harte Hirnhaut)

2. Arteria meningea media (Mittlere Meningealarterie)

3. Arachnoidea (Spinngewebshaut)

4. Granulationes arachnoideales (Arachnoidalgranulationen / Pacchioni-Granulationen)

5. Confluens sinuum (Sinus-Zusammenfluss / Torcular Herophili)

6. Pia mater (weiche Hirnhaut)

7. Sinus sagittalis superior (Oberer sagittaler Sinus)

8. Rami arteriae cerebri mediae (Äste der mittleren Hirnarterie)

9. Venae cerebri superiores (Obere Hirnvenen)

10. Lacunae laterales sinus sagittalis superioris (Laterale Lakunen des oberen sagittalen Sinus)

Notizen:-

....

....

....

....

....

....

(28) Hirnhäute

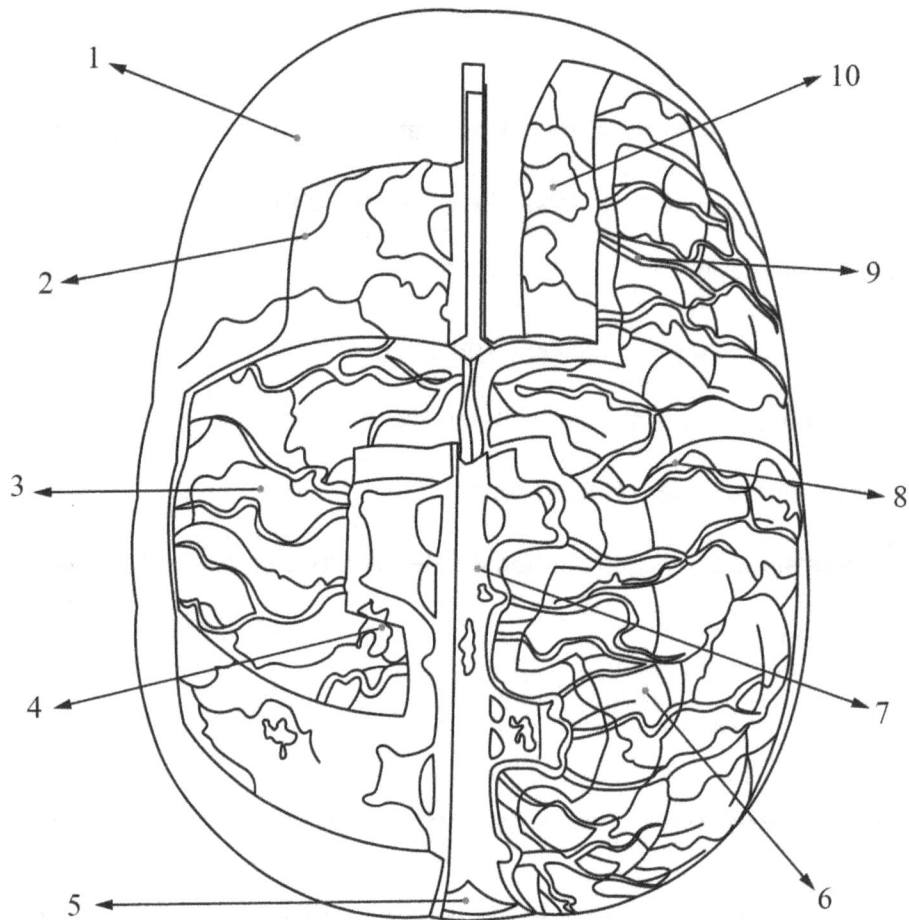

(29) Arachnoidalgranulationen

Wählen Sie für jede der mit einem Farbkodierungskreis versehenen Hirnregionen eine andere Farbe und färben Sie damit sowohl die Kodierungskreise als auch die entsprechenden Strukturen in der Abbildung aus.

1. Periost (Periosteum)

2. Venae emissariae (Emissarvenen)

3. Schädel (Schädelknochen)

4. Subduralraum (Subdural space)

5. Sinus sagittalis superior (Oberer sagittaler Sinus)

6. Subarachnoidalraum (Subarachnoid space)

7. Arachnoidea mater (Spinngewebshaut)

8. Großhirnrinde (Cortex cerebri)

9. Endothel

10. Arachnoideatrabekel (Arachnoidtrabekel)

11. Arachnoideakappen-Zellen (Arachnoid cap cells)

12. Granulationes arachnoideales (Arachnoidalgranulationen / Pacchioni-Granulationen)

13. Pia mater (weiche Hirnhaut)

14. Meningeale Schicht der Dura mater (Meningeale Duralschicht)

15. Periostale Schicht der Dura mater (Periostale Duralschicht)

16. Venae diploicae (Diploevenen)

Notizen:-

....

....

....

....

....

....

....

....

(29) Arachnoidalgranulationen

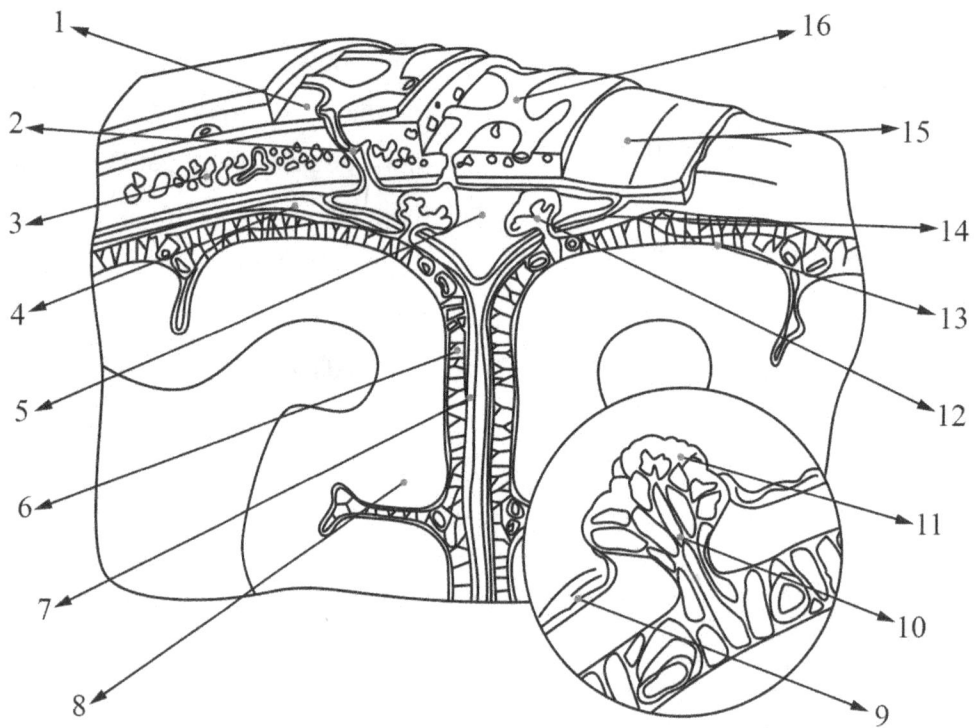

(30) Duralvenensinusse

Wählen Sie für jede der mit einem Farbkodierungskreis versehenen Hirnregionen eine andere Farbe und färben Sie damit sowohl die Kodierungskreise als auch die entsprechenden Strukturen in der Abbildung aus.

1. Vena cerebri media superficialis (Oberflächliche mittlere Hirnvene)

2. Sinus sphenoparietalis (Sphenoparietal-Sinus)

3. Arteria carotis interna (Innere Halsschlagader)

4. Sinus cavernosus (Kavernöser Sinus / Höhlen-Sinus)

5. Sinus intercavernosus posterior (Hinterer Schwellkörper-Sinus)

6. Sinus petrosus superior (Oberer Felsenbein-Sinus)

7. Sinus sigmoideus (Sigma-Sinus)

8. Venae cerebri inferiores (Untere Hirnvenen)

9. Sinus sagittalis inferior (Unterer sagittaler Sinus)

10. Sinus transversus (Quersinus / Transversalsinus)

11. Sinus sagittalis superior (Oberer sagittaler Sinus)

12. Confluens sinuum (Sinus-Zusammenfluss / Torcular Herophili)

13. Sinus rectus (Gerader Sinus)

14. Vena cerebri magna (Große Hirnvene / Galen-Vene)

15. Sinus petrosus inferior (Unterer Felsenbein-Sinus)

16. Plexus basilaris (Basilarer Venenplexus)

17. Nervus trigeminus (Trigeminusnerv)

18. Hypophyse (Glandula pituitaria)

19. Chiasma opticum (Sehnervenkreuzung)

20. Vena ophthalmica superior (Obere Augenvene)

Notizen:-

....

....

....

....

....

(30) Duralvenensinusse

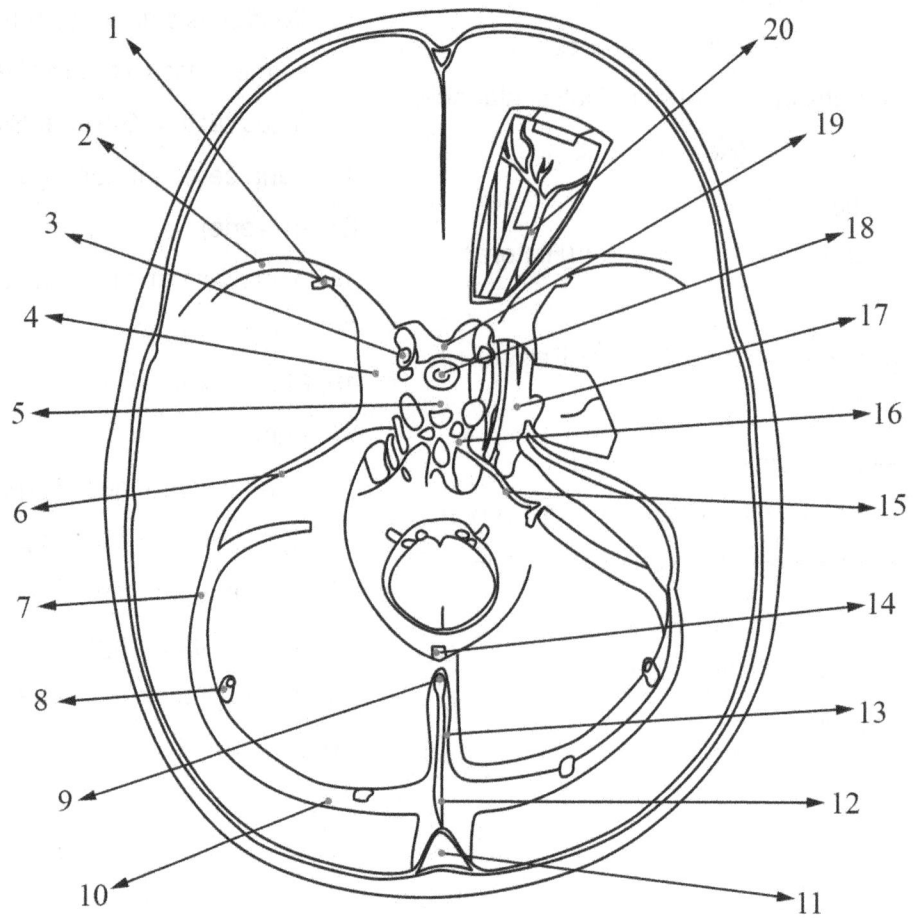

(31) Subarachnoidalzisternen des Gehirns

Wählen Sie für jede der mit einem Farbkodierungskreis versehenen Hirnregionen eine andere Farbe und färben Sie damit sowohl die Kodierungskreise als auch die entsprechenden Strukturen in der Abbildung aus.

1. Dritter Ventrikel (Ventriculus tertius)

2. Aquaeductus cerebri (Cerebraler Aquädukt / Sylvischer Wassergang)

3. Cisterna interpeduncularis (Interpedunkuläre Zisterne)

4. Cisterna chiasmatica (Chiasmatische Zisterne)

5. Vierter Ventrikel (Ventriculus quartus)

6. Cisterna pontocerebellaris (Pontocerebellare Zisterne)

7. Spinaler Subarachnoidalraum

8. Cisterna cerebellomedullaris posterior (Hintere Kleinhirn-Mark-Zisterne / Cisterna magna)

9. Apertura mediana ventriculi quarti (Medianapertur des vierten Ventrikels / Foramen Magendie)

10. Plexus choroideus ventriculi quarti (Gefäßgeflecht des vierten Ventrikels)

11. Apertura lateralis ventriculi quarti (Laterale Apertur des vierten Ventrikels / Foramen Luschkae)

12. Zerebraler Subarachnoidalraum

13. Cisterna quadrigemina (Vierhügelzisterne)

14. Plexus choroideus des dritten Ventrikels (Gefäßgeflecht des dritten Ventrikels)

Notizen:-

....

....

....

....

....

....

....

(31) Subarachnoidalzisternen des Gehirns

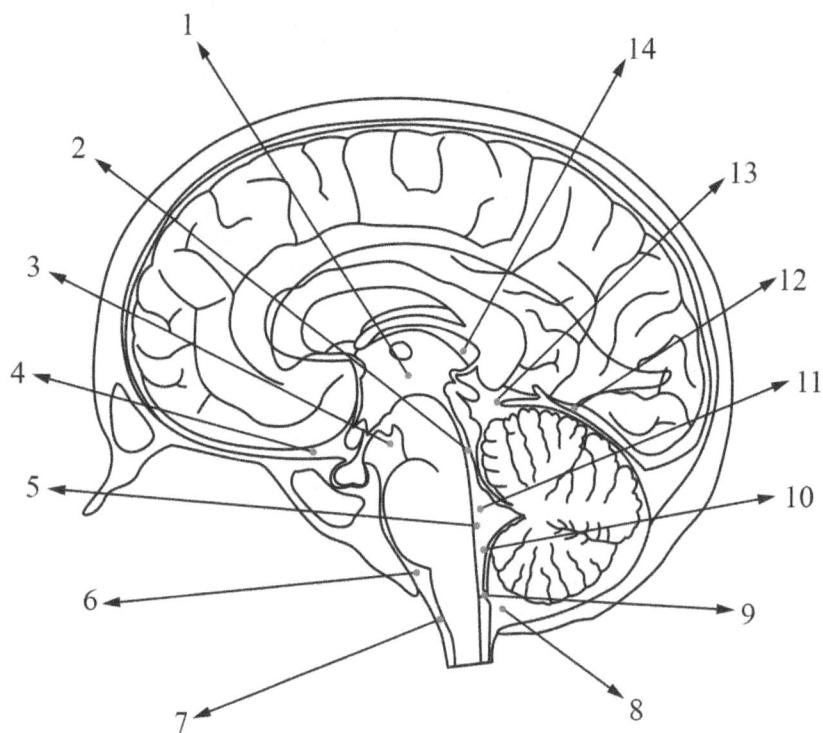

(32) Rückenmark in situ

Wählen Sie für jede der mit einem Farbkodierungskreis versehenen Regionen eine andere Farbe und färben Sie damit sowohl die Kodierungskreise als auch die entsprechenden Strukturen in der Abbildung aus.

1. Körper des Wirbels (Corpus vertebrae)

2. Subarachnoidalraum (Spinaler Subarachnoidalraum)

3. Vorderhorn des Rückenmarks (Cornu anterius medullae spinalis)

4. Ramus communicans albus (Weißer Verbindungsast)

5. Radix anterior nervi spinalis (Vordere Wurzel des Spinalnervs)

6. Rami meningei recurrentes nervi spinalis (Wiederkehrende meningeale Äste des Spinalnervs)

7. Ramus posterior nervi spinalis (Hinterer Ast des Spinalnervs)

8. Radix posterior nervi spinalis (Hintere Wurzel des Spinalnervs)

9. Ramus muscularis lateralis (Laterale Muskeläste)

10. Arachnoidea spinalis (Spinngewebshaut des Rückenmarks)

11. Ramus muscularis medialis (Medialer Muskelast)

12. Epiduralraum (Periduralraum)

13. Rückenmark (Medulla spinalis)

14. Dura mater spinalis (Harte Rückenmarkshaut)

15. Ganglion spinale (Spinalganglion / Dorsales Wurzelganglion)

16. Ramus anterior nervi spinalis (Vorderer Ast des Spinalnervs)

17. Pleura (Brustfell)

18. Ramus communicans griseus (Grauer Verbindungsast)

19. Pia mater spinalis (Weiche Rückenmarkshaut)

20. Ganglion trunci sympathici (Ganglion des Sympathikusstammes)

21. Lunge

22. Aorta thoracica (Thorakale Aorta)

21. Lunge

22. Aorta thoracica (Thorakale Aorta)

Notizen:-

....

....

....

....

(32) Rückenmark in situ

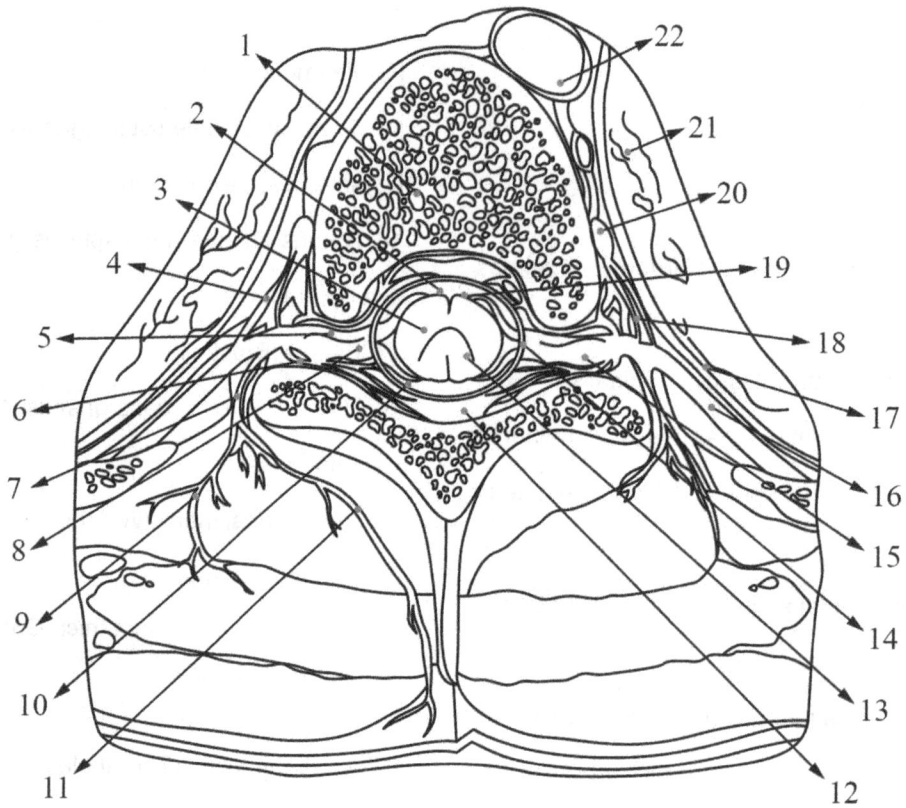

(33) Aufbau des Rückenmarks

Wählen Sie für jede der mit einem Farbkodierungskreis versehenen Rückenmarksregionen eine andere Farbe und färben Sie damit sowohl die Kodierungskreise als auch die entsprechenden Strukturen in der Abbildung aus.

1. Sulcus medianus posterior medullae spinalis (Hintere Mittelfurche des Rückenmarks)

2. Arteria cervicalis ascendens (Aufsteigende Halsarterie)

3. 1. Rippe

4. Spinalganglion (Rückenmarksganglion / Dorsales Wurzelganglion)

5. Arteriae radiculares posteriores (Hintere Wurzelarterien)

6. Spinalnerven T1–T12 (Thorakale Spinalnerven T1–T12)

7. 12. Rippe

8. Spinalnerven L1–L4 (Lumbale Spinalnerven L1–L4)

9. Cauda equina (Pferdeschwanz)

10. Nervus coccygeus (Steißbeinnerv)

11. Sakralnerven S1–S5

12. Dura mater spinalis (Harte Rückenmarkshaut)

13. Conus medullaris (Medullärkegel)

14. Arteriae spinales posteriores (Hintere Spinalarterien)

15. Rückenmark (Medulla spinalis)

16. Hintere Wurzeln (Radices posteriores)

17. Arteria vertebralis (Wirbelarterie)

18. Spinalnerven C1–C8 (Zervikale Spinalnerven C1–C8)

Notizen:-

....

....

....

....

....

....

....

(33) Aufbau des Rückenmarks

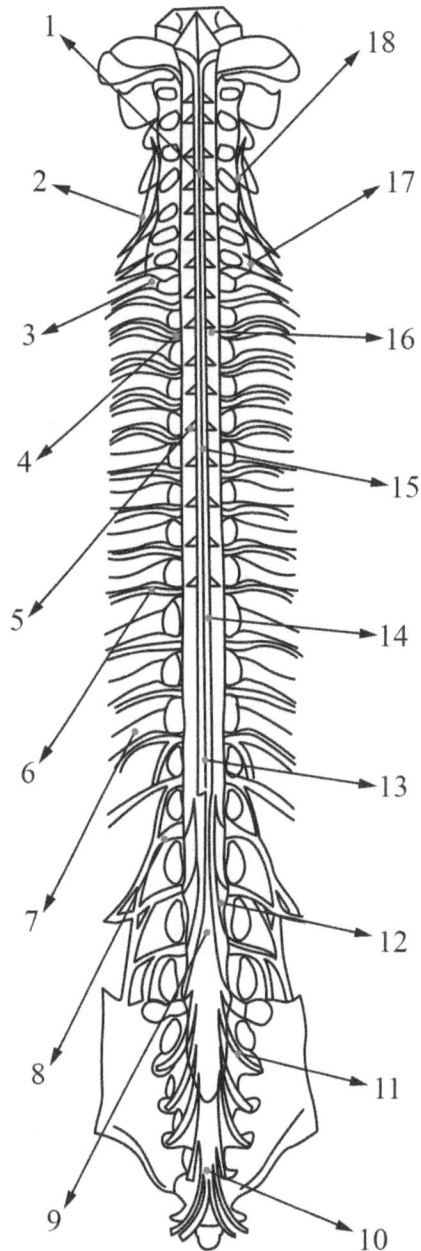

1

2

3

4

5

6

7

8

9

18

17

16

15

14

13

12

11

10

(34) Rückenmark: Querschnitt

Wählen Sie für jede der mit einem Farbkodierungskreis versehenen Rückenmarksregionen eine andere Farbe und färben Sie damit sowohl die Kodierungskreise als auch die entsprechenden Strukturen in der Abbildung aus.

1. Marginalkern (Lamina I / Marginalzone)
2. Zentrale gallertartige Substanz (Substantia gelatinosa centralis)
3. Nucleus proprius
4. Sekundäre viszerale Graue Substanz
5. Posteriorer thorakaler Kern (Clarke-Säule / Nucleus dorsalis)
6. Intermediolateralkern (Nucleus intermediolateralis)
7. Lateraler Motorkern
8. Lamina X
9. Mediale Motorkerne
10. Lamina I
11. Lamina II (Substantia gelatinosa Rolandi)
12. Lamina III
13. Lamina IV
14. Lamina V
15. Lamina VI
16. Lamina IX (Motoneuron-Gruppe)

17. Lamina VII (Intermediäre Zone)
18. Lamina VIII
19. Hintere Wurzel des Spinalnervs (Radix posterior nervi spinalis)
20. Zentralkanal (Canalis centralis)
21. Radix anterior nervi spinalis (Vordere Wurzel des Spinalnervs)
22. Radiculae (Wurzelfäden / Rootlets)
23. Funiculus lateralis (Lateralstrang)
24. Substantia grisea (Graue Substanz)
25. Cornu anterius (Vorderhorn)
26. Fissura mediana anterior medullae spinalis (Vordere Mittelfissur des Rückenmarks)
27. Funiculus anterior (Vorderstrang)

28. Fasciculus gracilis (Gracilisbündel)
29. Fasciculus interfascicularis (Interfaszikuläres Bündel / Comma-Trakt)
30. Tractus dorsolateralis (Dorsolateraltrakt / Lissauer-Zone)
31. Fasciculus septomarginalis (Septomarginalfaszikel)
32. Tractus corticospinalis lateralis (Laterale Pyramidenbahn)
33. Tractus rubrospinalis (Rubrospinale Bahn)
34. Tractus reticulospinalis medullaris (Medullärer retikulospinaler Trakt)
35. Fasciculus anterior proprius (Vorderer Eigenstrang)
36. Tractus vestibulospinalis (Vestibulospinale Bahn)
37. Tractus pontoreticulospinalis anterior (Vorderer pontoretikulospinaler Trakt)

38. Tractus tectospinalis (Tektospinale Bahn)
39. Tractus corticospinalis anterior (Vordere Pyramidenbahn)
40. Fasciculus longitudinalis medialis (Mediales Längsbündel)
41. Tractus spinothalamicus (Spinothalamische Bahn) & Tractus spinoreticularis (Spinoretikuläre Bahn)
42. Tractus spino-olivaris (Spino-oliväre Bahn)
43. Tractus spinocerebellaris anterior (Vordere spinocerebellare Bahn)
44. Tractus spinocerebellaris posterior (Hintere spinocerebellare Bahn / Dorsale spinocerebellare Bahn)
45. Fasciculus cuneatus (Cuneatusbündel)

Notizen:-

....

....

....

....

....

....

(34) Rückenmark: Querschnitt

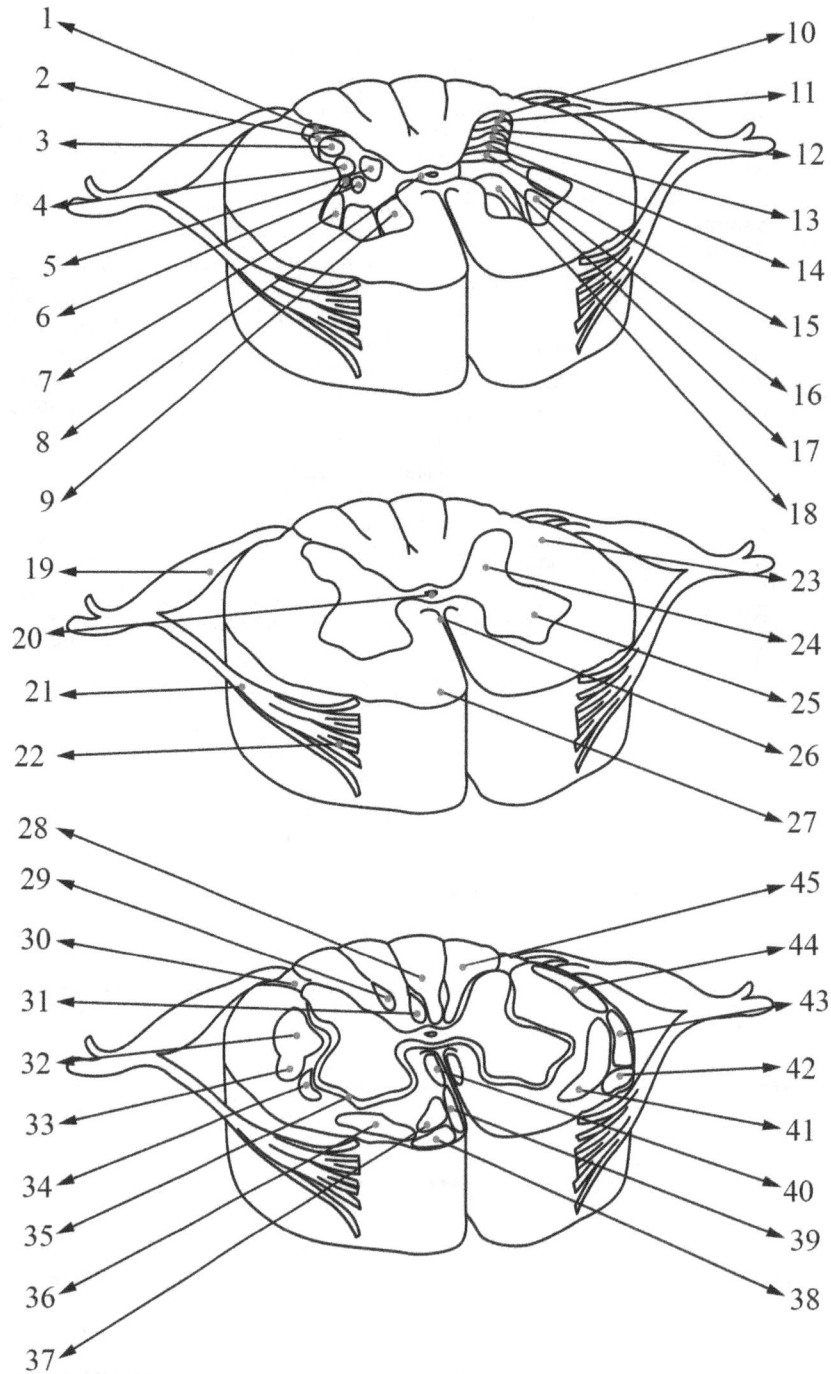

(35) Rückenmarkshäute und Nervenwurzeln

Wählen Sie für jede der mit einem Farbkodierungskreis versehenen Regionen eine andere Farbe und färben Sie damit sowohl die Kodierungskreise als auch die entsprechenden Strukturen in der Abbildung aus.

1. Weiße Substanz (Substantia alba)

2. Graue Substanz (Substantia grisea)

3. Hintere Wurzel des Spinalnervs (Radix posterior nervi spinalis)

4. Vordere Spinalarterie (Arteria spinalis anterior)

5. Spinalnerv (Nervus spinalis)

6. Wurzelfäden der vorderen Wurzel (Radiculae radicis anterioris)

7. Hinterer Ast des Spinalnervs (Ramus posterior nervi spinalis)

8. Vordere Wurzel des Spinalnervs (Radix anterior nervi spinalis)

9. Ramus communicans albus (Weißer Verbindungsast)

10. Arachnoidea spinalis (Spinngewebshaut des Rückenmarks)

11. Dura mater spinalis (Harte Rückenmarkshaut)

12. Ramus anterior nervi spinalis (Vorderer Ast des Spinalnervs)

13. Plexus vascularis piae matris (Gefäßplexus der Pia mater)

14. Ganglion spinale (Spinalganglion / Dorsales Wurzelganglion)

15. Ramus communicans griseus (Grauer Verbindungsast)

16. Radiculae radicis posterioris (Wurzelfäden der hinteren Wurzel)

17. Cornu anterius medullae spinalis (Vorderhorn des Rückenmarks)

18. Cornu laterale medullae spinalis (Seitenhorn des Rückenmarks)

19. Arachnoidea spinalis (Spinngewebshaut des Rückenmarks)

20. Cornu posterius medullae spinalis (Hinterhorn des Rückenmarks)

Notizen:-

....

....

....

....

(35) Rückenmarkshäute und Nervenwurzeln

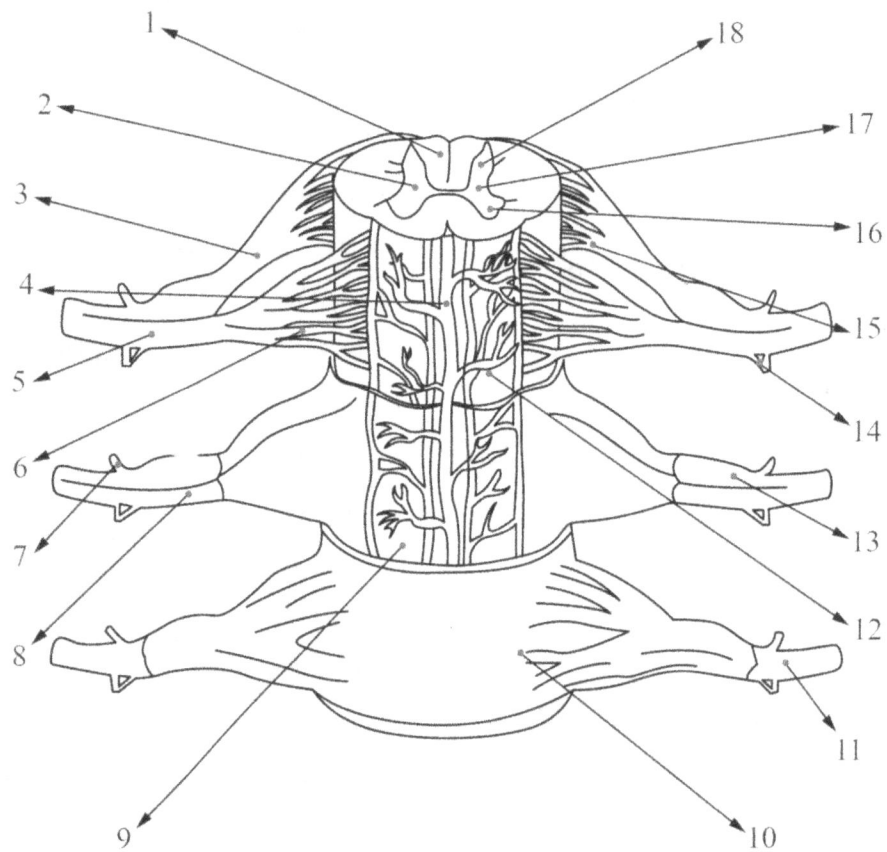

(36) Blutgefäße des Rückenmarks

Wählen Sie für jede der mit einem Farbkodierungskreis versehenen Regionen eine andere Farbe und färben Sie damit sowohl die Kodierungskreise als auch die entsprechenden Strukturen in der Abbildung aus.

1. Vena spinalis posterior (Hintere Spinalvene)

2. Plexus venosus vertebralis (Venengeflecht der Wirbel)

3. Vena sulcalis (Sulkalvene / Vena medullae spinalis anterior)

4. Vena spinalis anterior (Vordere Spinalvene)

5. Vena radicularis posterior (Hintere Wurzelvene)

6. Vena radicularis anterior (Vordere Wurzelvene)

7. Ramus cutaneus lateralis (Laterale Hautäste)

8. Ramus cutaneus medialis (Mediale Hautäste)

9. Arteriae intercostales posteriores (Hintere Zwischenrippenarterien)

10. Ramus spinalis (Spinalast)

11. Ramus dorsalis arteriae intercostalis posterioris (Dorsaler Ast der hinteren Zwischenrippenarterie)

12. Aorta thoracica (Thorakale Aorta)

13. Rechte hintere Spinalarterie (Arteria spinalis posterior dextra)

14. Linke hintere Spinalarterie (Arteria spinalis posterior sinistra)

15. Arteriae sulcales (Sulkalarterien / Zentralarterien)

16. Arteria radicularis posterior (Hintere Wurzelarterie)

17. Arteria medullaris segmentalis anterior (Vordere segmentale Markarterie / Arterie von Adamkiewicz)

18. Plexus arterialis (Arterielle Geflecht)

19. Arteria spinalis anterior (Vordere Spinalarterie)

20. Arteria radicularis anterior (Vordere Wurzelarterie)

Notizen:-

....

....

....

....

....

....

(36) Blutgefäße des Rückenmarks

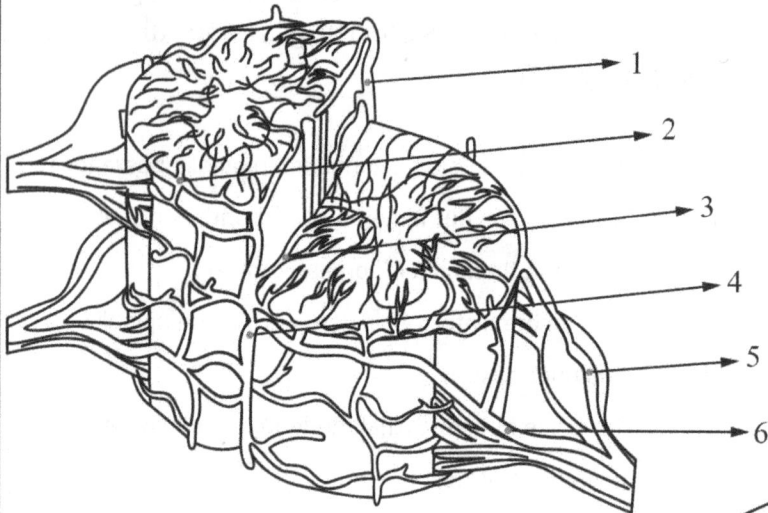

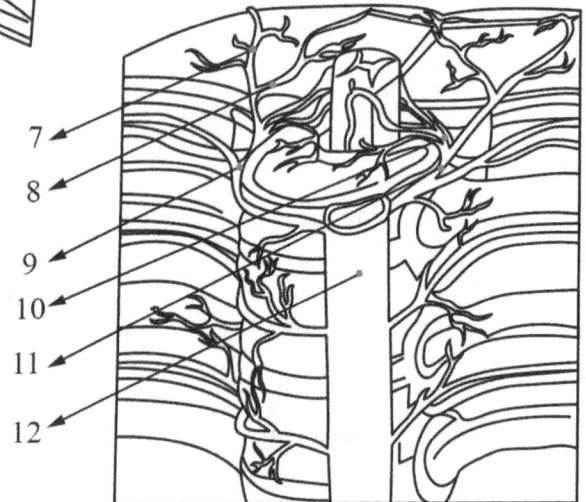

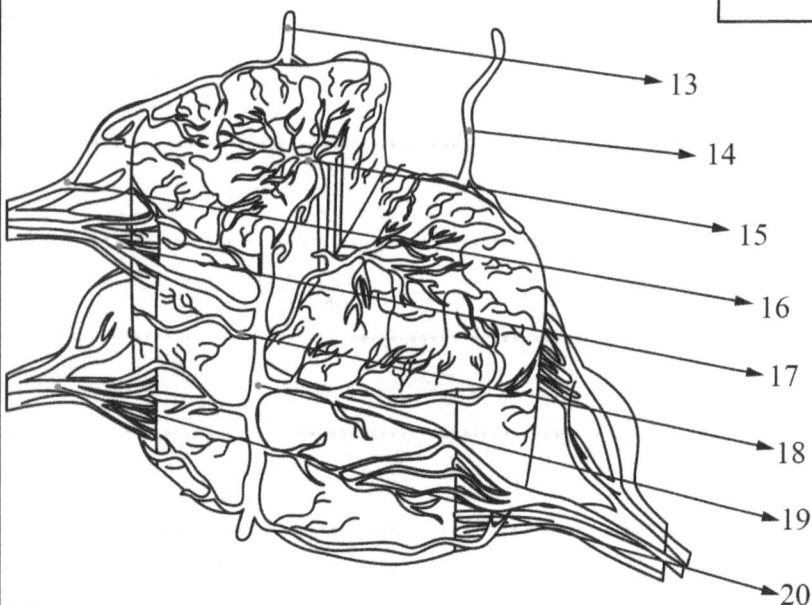

(37) Pyramidenbahnen

Wählen Sie für jede der mit einem Farbkodierungskreis versehenen Hirnregionen eine andere Farbe und färben Sie damit sowohl die Kodierungskreise als auch die entsprechenden Strukturen in der Abbildung aus.

1. Thalamus

2. Motorischer Kortex (Motorcortex)

3. Globus pallidus

4. Capsula interna (Innere Kapsel)

5. Claustrum

6. Tractus corticobulbaris (Kortikobulbäre Bahn)

7. Periaquäduktales Grau (Periaquäduktale Graue Substanz)

8. Pedunculus cerebri (Hirnschenkel)

9. Pons (Brücke)

10. Nuclei olivares (Olivenkerne)

11. Caudale Medulla oblongata

12. Spinalnerv (Nervus spinalis)

13. Vordere Wurzel des Spinalnervs (Radix anterior nervi spinalis)

14. Rückenmark (Medulla spinalis)

15. Hintere Wurzel des Spinalnervs (Radix posterior nervi spinalis)

16. Tractus corticospinalis anterior (Vordere Pyramidenbahn)

17. Tractus corticospinalis lateralis (Laterale Pyramidenbahn)

18. Decussatio pyramidum (Pyramidenkreuzung)

19. Rostrales verlängertes Mark (Rostrale Medulla oblongata)

20. Mittelhirn (Mesencephalon)

21. Substantia nigra (Schwarze Substanz)

22. Putamen

23. Nucleus caudatus (Schwanzkern)

24. Aquaeductus cerebri (Cerebraler Aquädukt / Sylvischer Wassergang)

Notizen:-

....

....

....

....

....

....

(37) Pyramidenbahnen

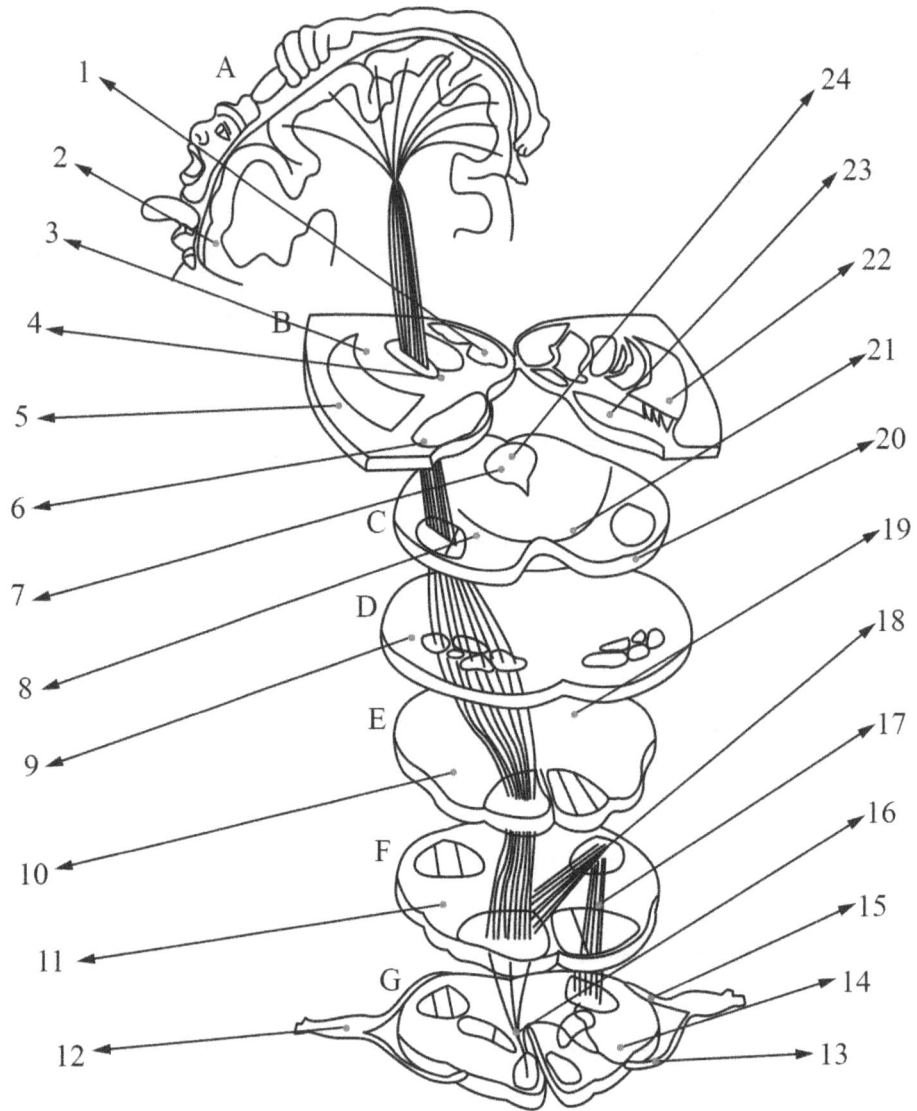

1
2
3
4
5
6
7
8
9
10
11
12

A
B
C
D
E
F
G

24
23
22
21
20
19
18
17
16
15
14
13

(38) Hinterstrang-Medialer-Lemniscus-Bahn (PCML)

Wählen Sie für jede der mit einem Farbkodierungskreis versehenen Hirnregionen eine andere Farbe und färben Sie damit sowohl die Kodierungskreise als auch die entsprechenden Strukturen in der Abbildung aus.

1. Gyrus postcentralis (Postzentralgyrus)

2. Nucleus ventralis posterolateralis thalami (Ventral-posterolateraler Thalamuskern)

3. Periaquäduktales Grau (Substantia grisea centralis)

4. Pedunculus cerebri (Hirnschenkel)

5. Nucleus gracilis (Gracile-Kern)

6. Rostrales verlängertes Mark (Rostrale Medulla oblongata)

7. Fasciculus gracilis (Gracilisbündel)

8. Nucleus cervicalis lateralis

9. Zervikalteil des Rückenmarks (Pars cervicalis medullae spinalis)

10. Lumbalteil des Rückenmarks (Pars lumbalis medullae spinalis)

11. Tractus spinocervicalis (Spinocervikaler Trakt)

12. Ganglion spinale (Dorsales Wurzelganglion / Spinalganglion)

13. Fasciculus cuneatus (Cuneatusbündel)

14. Proprioceptions- und Lagefasern zum zervikalen Rückenmark

15. Berührungs-, Druck- und Vibrationsfasern zum zervikalen Rückenmark

16. Nucleus cuneatus (Cuneatuskern)

17. Mittelhirn (Mesencephalon)

18. Substantia nigra (Schwarze Substanz)

Notizen:-

....

....

....

....

....

....

....

(38) Hinterstrang-Medialer-Lemniscus-Bahn (PCML)

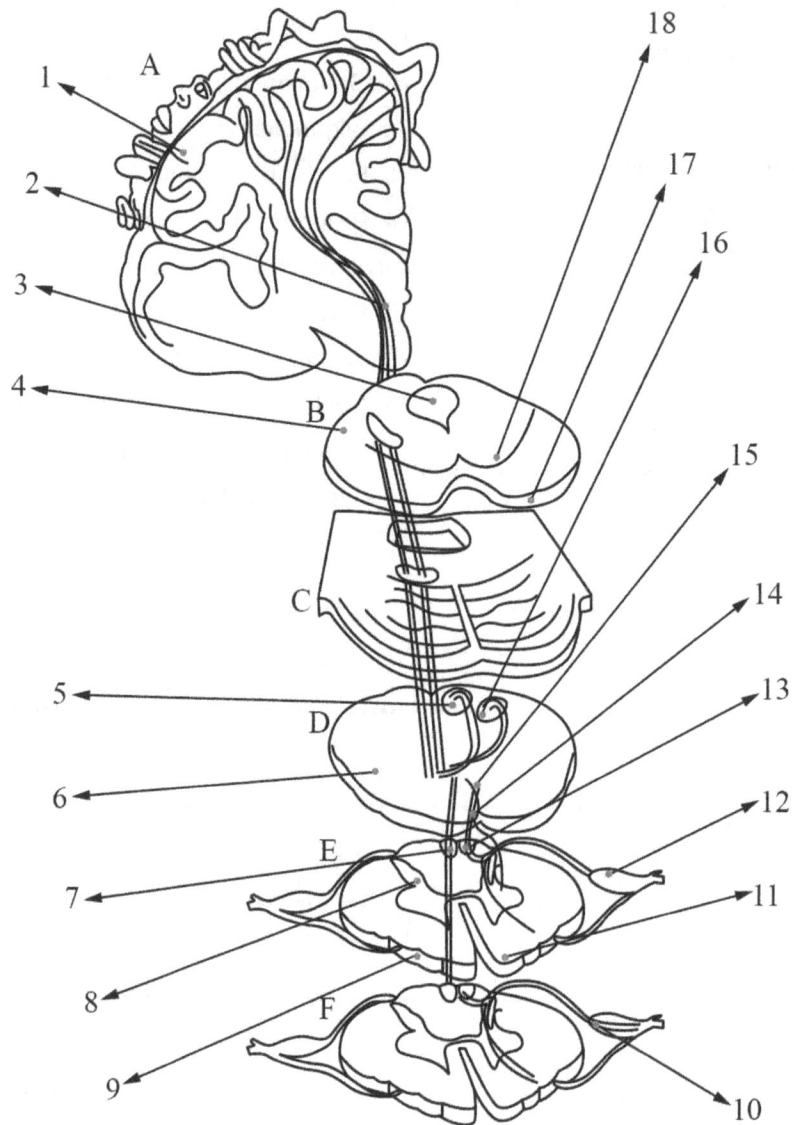

(39) Geschmacksbahn

Wählen Sie für jede der mit einem Farbkodierungskreis versehenen Hirnregionen eine andere Farbe und färben Sie damit sowohl die Kodierungskreise als auch die entsprechenden Strukturen in der Abbildung aus.

1. Corpus amygdaloideum (Amygdala / Mandelkernkomplex)

2. Nucleus ventralis posteromedialis thalami (Ventral-posteromedialer Thalamuskern)

3. Truncus nervi trigemini (Trigeminusstamm)

4. Area hypothalamica lateralis (Laterales Hypothalamusgebiet)

5. Pontines Geschmacksareal

6. Ganglion geniculi (Knieganglion)

7. Nervus facialis (Gesichtsnerv)

8. Pons (Brücke)

9. Nervus intermedius

10. Nervus glossopharyngeus (Glossopharyngeusnerv)

11. Rostraler Solitarius-Kern (Nucleus tractus solitarii rostralis)

12. Ganglion petrosum (Petrosalganglion)

13. Ganglion nodosum (Nodusganglion)

14. Ganglion nodosum (Nodusganglion)

15. Nervus laryngeus superior (Oberer Kehlkopfnerv)

16. Larynx (Kehlkopf)

17. Epiglottis (Kehldeckel)

18. Papillae vallatae (Wallpapillen)

19. Chorda tympani

20. Papillae foliatae (Blattpapillen)

21. Nervus lingualis (Zungennerv)

22. Nervus mandibularis (Unterkiefernerv)

23. Ganglion pterygopalatinum (Flügelgaumenganglion)

24. Ganglion oticum (Ohrganglion)

25. Nervus maxillaris (Oberkiefernerv)

26. Nervus petrosus major (Großer Felsenbeinnerv)

27. Ganglion trigeminale (Trigeminusganglion / Gasser-Ganglion)

28. Geschmacksrinde (Gustatorischer Kortex)

Notizen:-

....

....

....

....

(39) Geschmacksbahn

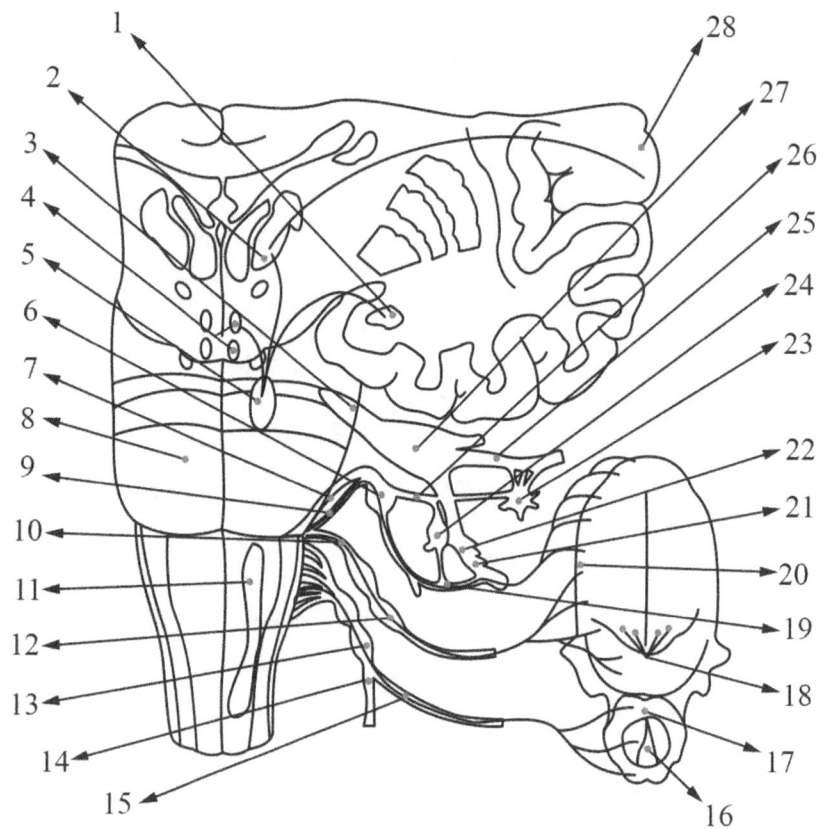

1
2
3
4
5
6
7
8
9
10
11
12
13
14
15
16
17
18
19
20
21
22
23
24
25
26
27
28

(40) Die 12 Hirnnerven

Wählen Sie für jede der mit einem Farbkodierungskreis versehenen Hirnregionen eine andere Farbe und färben Sie damit sowohl die Kodierungskreise als auch die entsprechenden Strukturen in der Abbildung aus.

1. Nervus olfactorius (Riechnerv)

2. Nervus oculomotorius

(Okulomotoriusnerv)

3. Nervus trochlearis (Trochlearisnerv)

4. Nervus facialis (Gesichtsnerv)

5. Nervus glossopharyngeus

(Glossopharyngeusnerv)

6. Nervus vagus (Vagusnerv)

7. Nervus accessorius (Accessoriusnerv)

8. Nervus hypoglossus

(Hypoglossusnerv)

9. Nervus vestibulocochlearis

(Vestibulocochlearisnerv)

10. Nervus abducens (Abduzensnerv)

11. Nervus trigeminus (Trigeminusnerv)

12. Nervus opticus (Sehnerv)

Notizen:-

....

....

....

....

....

....

....

....

(40) Die 12 Hirnnerven

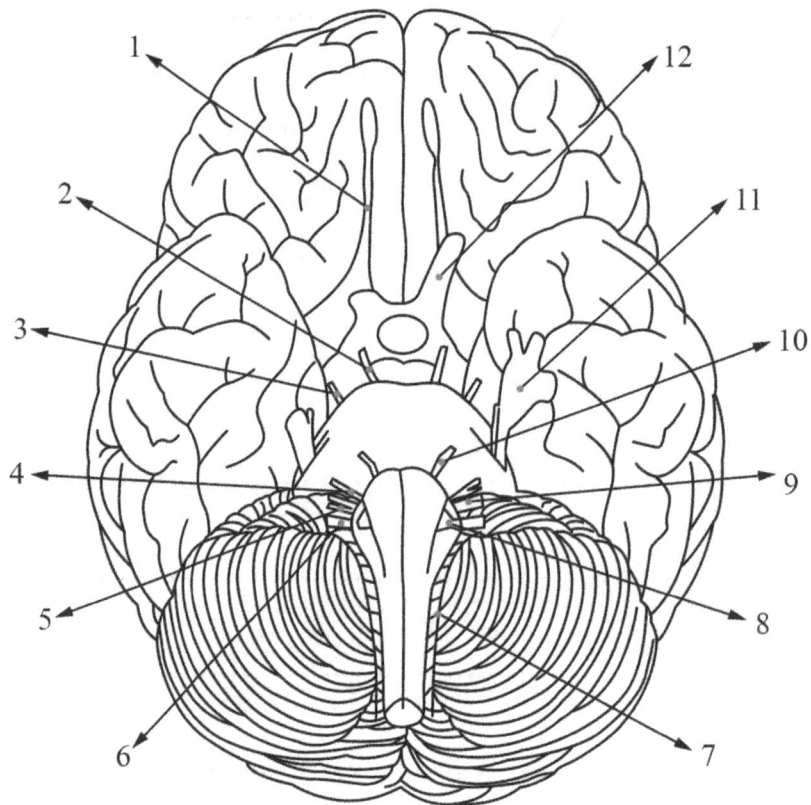

(41) Riechnerv (Nervus olfactorius)

Wählen Sie für jede der mit einem Farbkodierungskreis versehenen Hirnregionen eine andere Farbe und färben Sie damit sowohl die Kodierungskreise als auch die entsprechenden Strukturen in der Abbildung aus.

1. Gyrus paraterminalis

(Paraterminalgyrus)

2. Area subcallOSA (Subkallosale

Area)

3. Bulbus olfactorius (Riechkolben)

4. Dura mater (Harte Hirnhaut)

5. Sinus frontalis (Stirnhöhle)

6. Lamina cribrosa (Siebplatte)

7. Tractus olfactorius (Riechbahn)

8. Trigonum olfactorium

(Riechdreieck)

9. Gyrus ambiens (Ambienswindung)

10. Commissura anterior (Vordere

Kommissur)

11. Mediale Riechstreifung (Stria olfactoria medialis)

12. Vordere perforierte Substanz (Substantia perforata anterior)

13. Uncus (Haken)

14. Corpus amygdaloideum (Mandelkernkomplex / Amygdala)

15. Gyrus parahippocampalis (Parahippocampalwindung)

16. Efferente Fasern zum Riechkolben

17. Afferente Fasern vom Riechkolben

18. Olfaktorischer Glomerulus

19. Bowmansche Drüsen (Glandulae olfactoriae)

20. Riechepithel (Epithelium olfactorium)

21. Riechschleimschicht (Olfactory mucus layer)

22. Riechzilien (Olfactory cilia)

23. Basalzellen (Basal cells)

24. Lamina propria

Notizen:-

....

....

....

....

....

....

(41) Riechnerv (Nervus olfactorius)

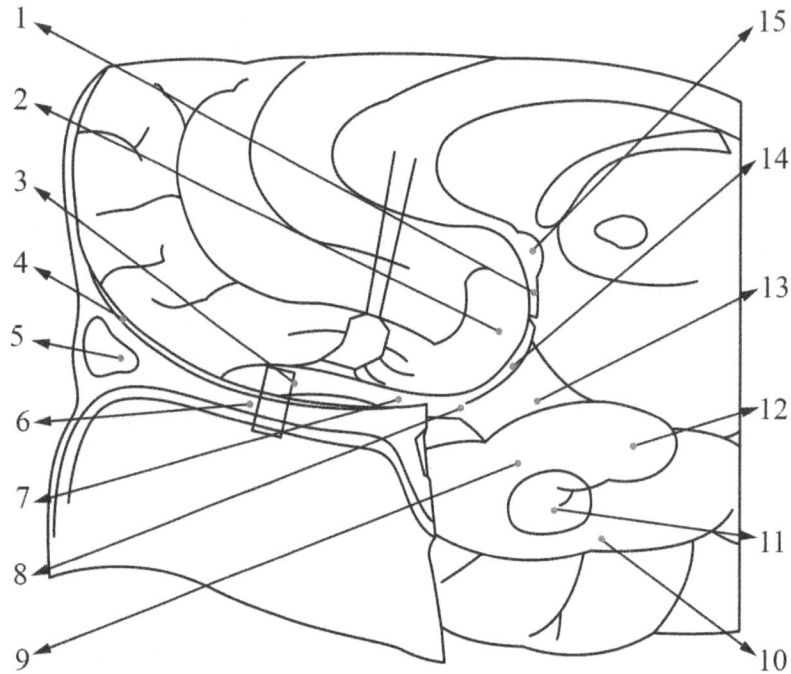

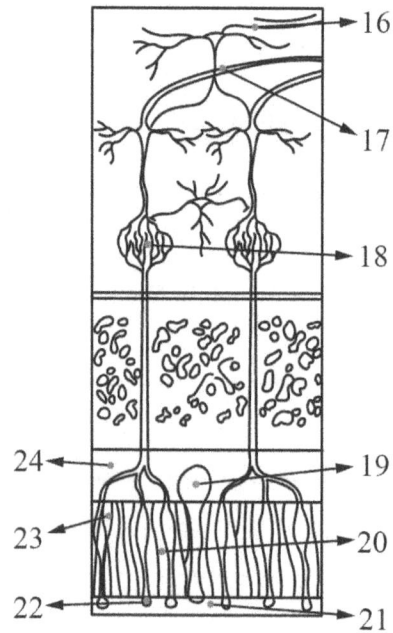

(42) Sehnerv (Nervus opticus)

Wählen Sie für jede der mit einem Farbkodierungskreis versehenen Hirnregionen eine andere Farbe und färben Sie damit sowohl die Kodierungskreise als auch die entsprechenden Strukturen in der Abbildung aus.

1. Augäpfel (Bulbi oculi)

2. Tractus opticus (Sehbahn)

3. Nucleus geniculatus medialis (Medialer Kniehöcker)

4. Colliculus inferior (Unterer Hügel)

5. Radiatio optica (Sehstrahlung)

6. Colliculus superior (Oberer Hügel)

7. Nucleus geniculatus lateralis (Lateraler Kniehöcker)

8. Chiasma opticum (Sehnervenkreuzung)

9. Nervus opticus (Sehnerv)

Notizen:-

....

....

....

....

....

....

....

....

(42) Sehnerv (Nervus opticus)

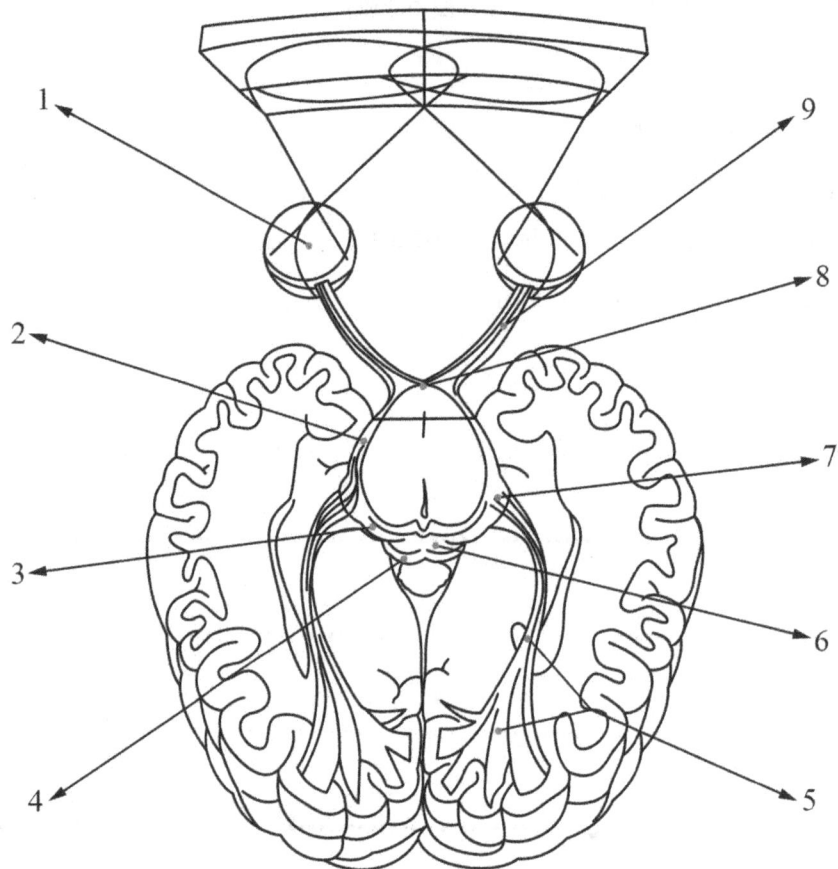

(43) Nervus oculomotorius, Nervus trochlearis und Nervus abducens

Wählen Sie für jede der mit einem Farbkodierungskreis versehenen Hirnregionen eine andere Farbe und färben Sie damit sowohl die Kodierungskreise als auch die entsprechenden Strukturen in der Abbildung aus.

1. Nervus oculomotorius (Okulomotoriusnerv)

2. Oberer Ast des Nervus oculomotorii

3. Nervi ciliares breves (Kurze Ziliarnerven)

4. Ganglion ciliare (Ziliarganglion)

5. Parasympathische Wurzel des Ziliarganglions

6. Unterer Ast des Nervus oculomotorii

7. Nervus abducens (Abduzensnerv)

8. Nervus trochlearis (Trochlearisnerv)

9. Nucleus nervi abducentis (Abduzenskern)

10. Nucleus nervi trochlearis (Trochleariskern)

11. Nucleus nervi oculomotorii (Okulomotoriuskern)

12. Nucleus accessorius nervi oculomotorii (Edinger-Westphal-Kern)

Notizen:-

....

....

....

....

....

....

....

(43) Nervus oculomotorius, Nervus trochlearis und Nervus abducens

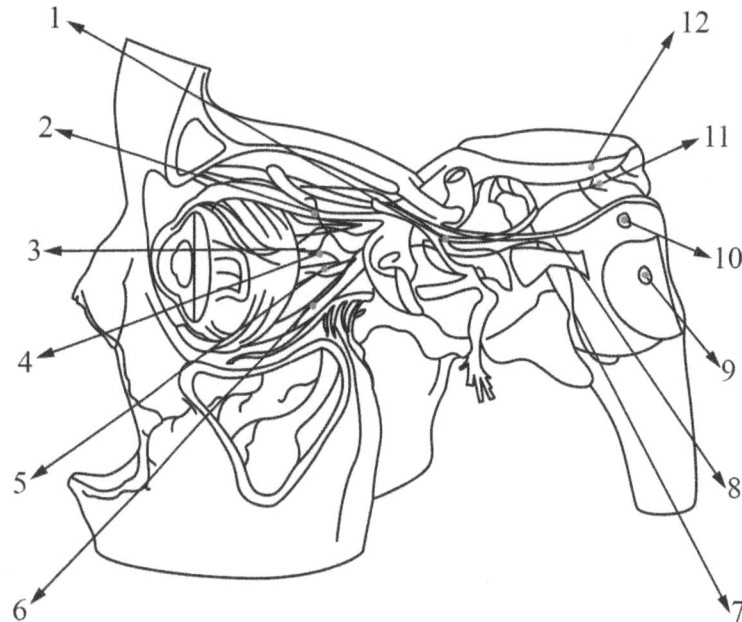

(44) Nervus ophthalmicus

Wählen Sie für jede der mit einem Farbkodierungskreis versehenen Hirnregionen eine andere Farbe und färben Sie damit sowohl die Kodierungskreise als auch die entsprechenden Strukturen in der Abbildung aus.

1. Nervus frontalis (Frontalnerver)

2. Nervus ethmoidalis anterior (Vorderer Siebbein-Nerv)

3. Nervus supraorbitalis (Überaugenhöhlennerv)

4. Nervus supratrochlearis (Überbogen-Nerv)

5. Nervus infratrochlearis (Unterbogen-Nerv)

6. Nervus ethmoidalis posterior (Hinterer Siebbein-Nerv)

7. Nervi ciliares longi (Lange Ziliarnerven)

8. Nervi ciliares breves (Kurze Ziliarnerven)

9. Ganglion ciliare (Ziliarganglion)

10. Ganglion pterygopalatinum (Flügelgaumenganglion)

11. Nervus opticus (Sehnerv)

12. Nervus ophthalmicus

13. Ramus tentorialis recurrens nervi ophthalmici (Wiederkehrender Zeltast des Nervus ophthalmicus)

14. Ganglion trigeminale (Trigeminusganglion)

15. Nervus trigeminus (Trigeminusnerv)

16. Arteria carotis interna (Innere Halsschlagader)

17. Nervus nasociliaris

18. Sensorische Wurzel des Ziliarganglions

19. Nervus lacrimalis (Tränennerv)

Notizen:-

....

....

....

....

....

....

(44) Nervus ophthalmicus

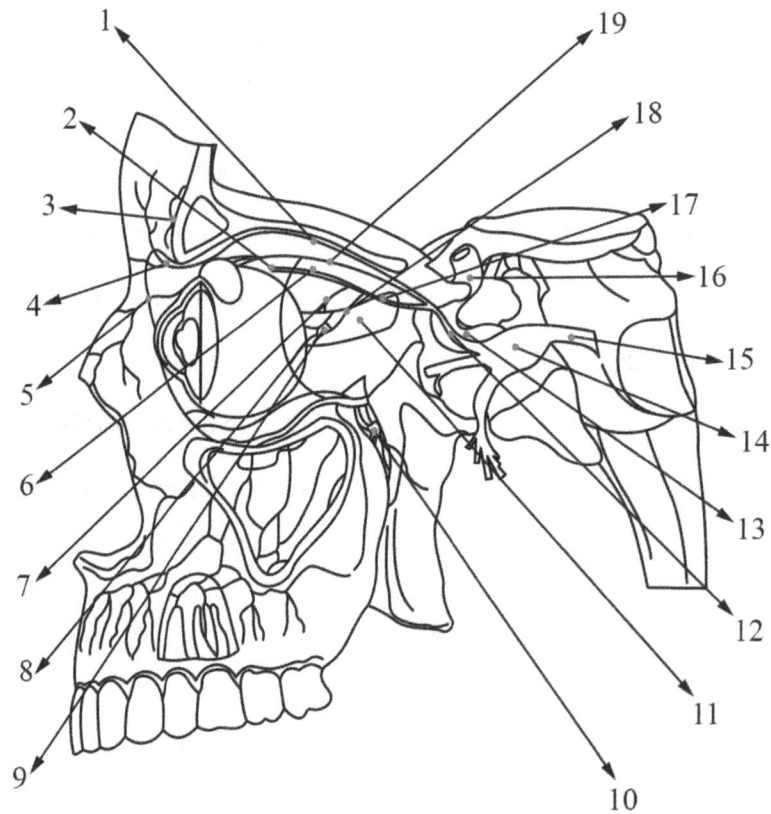

(45) Nervus maxillaris

Wählen Sie für jede der mit einem Farbkodierungskreis versehenen Hirnregionen eine andere Farbe und färben Sie damit sowohl die Kodierungskreise als auch die entsprechenden Strukturen in der Abbildung aus.

1. Ramus communicans nervi lacrimalis cum nervo zygomatico (Kommunizierender Ast des Tränennervs mit dem Zygomatikusnerv)

2. Radix sensoria ganglii pterygopalatini (Sensorische Wurzel des Flügelgaumenganglions)

3. Nervus zygomaticus (Zygomatikusnerv)

4. Nervus infraorbitalis (Infraorbitalnerv)

5. Nervus alveolaris superior posterior (Hinterer oberer Alveolarnerv)

6. Nervus alveolaris superior medius (Mittlerer oberer Alveolarnerv)

7. Nervus alveolaris superior anterior (Vorderer oberer Alveolarnerv)

8. Rami dentales superiores (Obere Zahnäste)

9. Plexus dentalis superior (Oberer Zahnplexus)

10. Nervi palatini (Gaumen-Nerven)

11. Ramus pharyngeus nervi maxillaris (Pharyngealer Ast des Oberkiefernervs)

12. Nervus nasopalatinus (Nasopalatiner Nerv)

13. Ganglion pterygopalatinum (Flügelgaumenganglion)

14. Nervus mandibularis (Unterkiefernerv)

15. Ramus meningeus nervi maxillaris (Meningealer Ast des Oberkiefernervs)

16. Nervus trigeminus (Trigeminusnerv)

17. Ganglion trigeminale (Trigeminusganglion)

18. Nervus maxillaris (Oberkiefernerv)

Notizen:-

....

....

....

....

(45) Nervus maxillaris

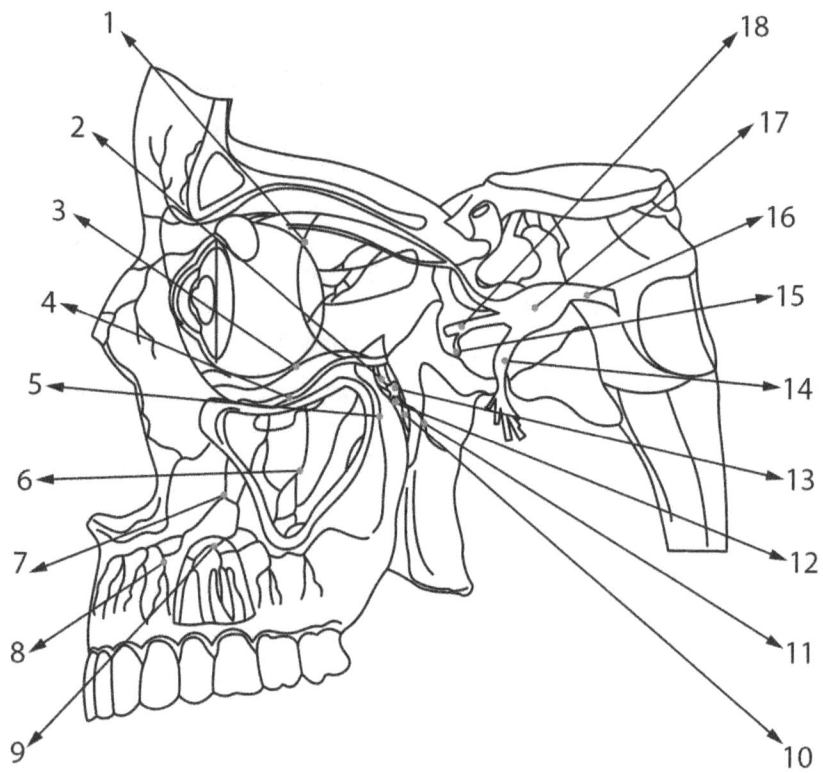

(46) Nervus mandibularis

Wählen Sie für jede der mit einem Farbkodierungskreis versehenen Hirnregionen eine andere Farbe und färben Sie damit sowohl die Kodierungskreise als auch die entsprechenden Strukturen in der Abbildung aus.

1. Nervus temporalis profundus anterior (Vorderer tiefer Schläfennerv)

2. Nervus temporalis profundus posterior (Hinterer tiefer Schläfennerv)

3. Nervus lingualis (Zungennerv)

4. Nervus buccalis (Backennerv)

5. Ganglion submandibulare (Unterkieferganglion)

6. Nervus sublingualis (Unterzungennerv)

7. Foramen mentale (Kinnloch)

8. Rami dentales inferiores (Untere Zahnäste)

9. Nervus mentalis (Kinnnerv)

10. Nervus mylohyoideus (Mylohyoidnerv)

11. Nervus alveolaris inferior (Unterer Alveolarnerv)

12. Nervus massetericus (Masseternerv)

13. Arteria meningea media (Mittlere Meningealarterie)

14. Nervus auriculotemporalis (Ohrmuschel-Schläfennerv)

15. Ramus meningeus nervi mandibularis (Meningealer Ast des Unterkiefernervs)

16. Nervus mandibularis (Unterkiefernerv)

17. Nervus maxillaris (Oberkiefernerv)

18. Nervus trigeminus (Trigeminusnerv)

19. Ganglion trigeminale (Trigeminusganglion)

20. Nervus ophthalmicus (Augennerv)

Notizen:-

....

....

....

....

....

....

(46) Nervus mandibularis

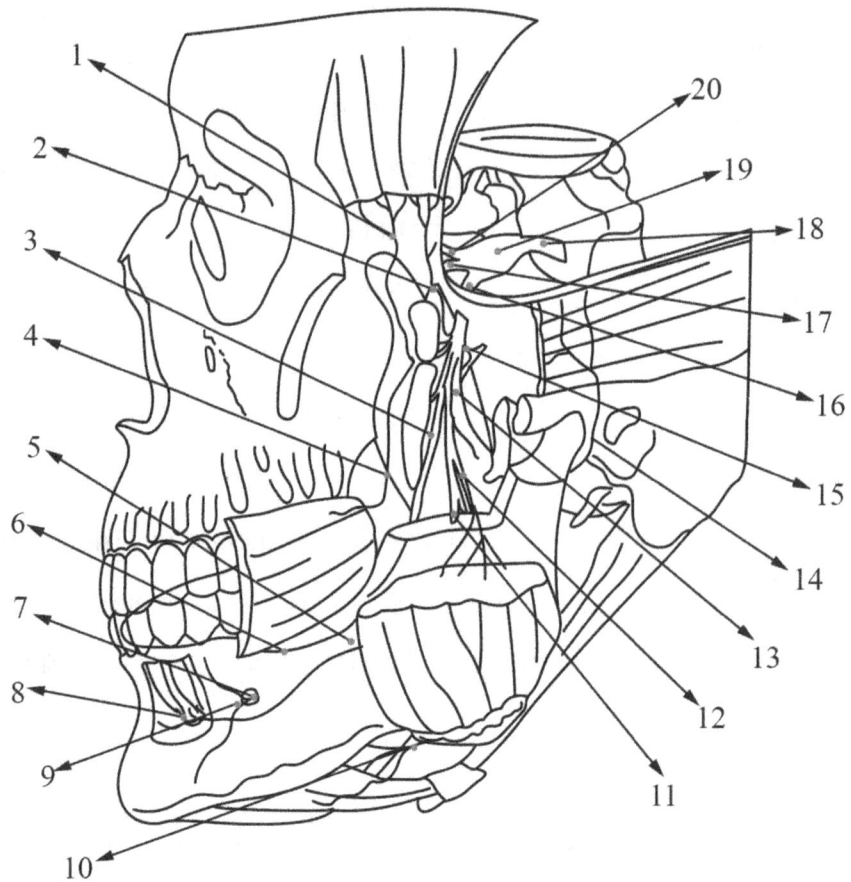

(47) Gesichtsnerv (Nervus facialis)

Wählen Sie für jede der mit einem Farbkodierungskreis versehenen Hirnregionen eine andere Farbe und färben Sie damit sowohl die Kodierungskreise als auch die entsprechenden Strukturen in der Abbildung aus.

1. Ganglion trigeminale
(Ganglion semilunare; Gasser-Ganglion)

2. Plexus caroticus internus

3. Nervus maxillaris (V2)

4. Nervus petrosus major

5. Ganglion pterygopalatinum
(Ganglion sphenopalatinum)

6. Rami temporales nervi facialis

7. Rami zygomatici nervi facialis

8. Ganglion oticum

9. Rami buccales nervi facialis

10. Nervus mandibularis (V3)

11. Ganglion submandibulare

12. Ramus marginalis mandibularis nervi facialis

13. Ramus cervicalis nervi facialis

14. Ramus stylohyoideus nervi facialis

15. Ramus digastricus nervi facialis

16. Chorda tympani

17. Nervus auricularis posterior

18. Nervus facialis

19. Nervus glossopharyngeus

20. Ramus occipitalis nervi auricularis posterior

21. Ramus auricularis nervi auricularis posterior

22. Plexus tympanicus

23. Nervus intermedius

24. Nervus petrosus minor

25. Ganglion geniculi

26. Nervus trigeminus

Notizen:-

....

....

....

....

....

....

(47) Gesichtsnerv (Nervus facialis)

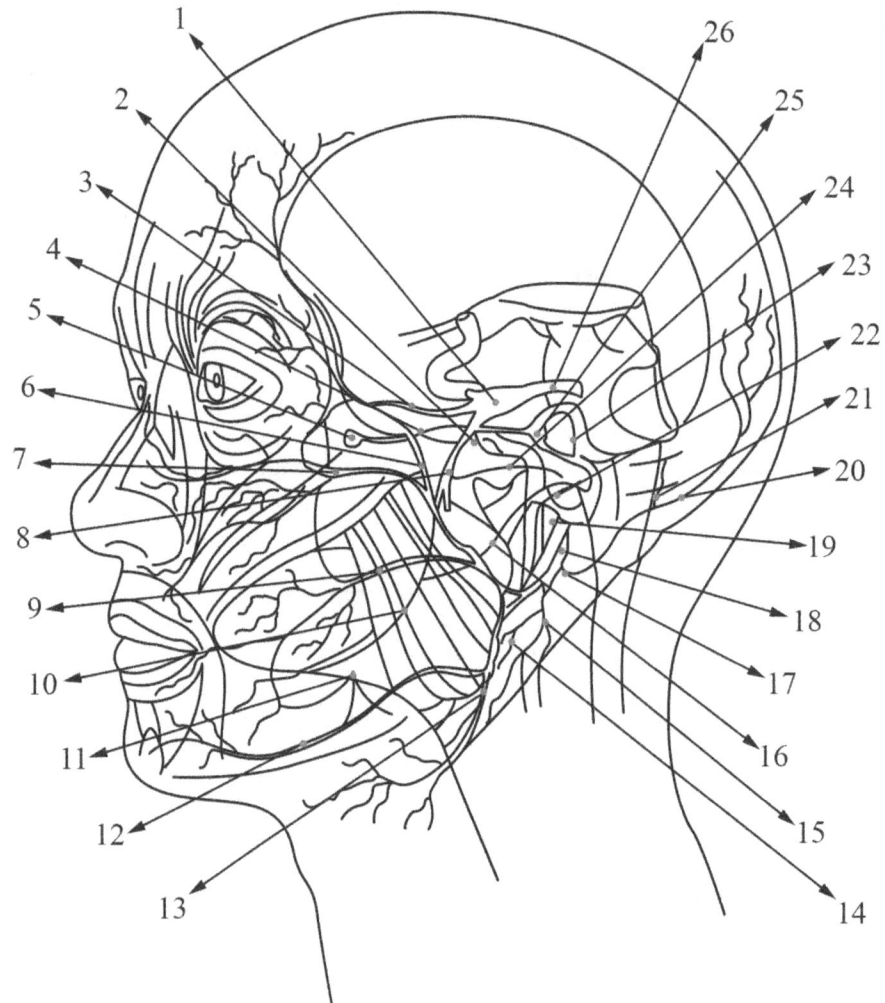

(48) Nervus vestibulocochlearis

Wählen Sie für jede der angegebenen Hirnregionen eine andere Farbe aus, setzen Sie den entsprechenden Farbkreis in die Legende und färben Sie damit sowohl die Farbkreise in der Legende als auch die zugehörigen Strukturen im Diagramm ein.

1. Nervus vestibularis

2. Nervus ampullaris anterior

3. Nervus ampullaris lateralis

4. Pars superior ganglii vestibularis

5. Nervus utricularis

6. Nervus ampullaris posterior

7. Chorda tympani

8. Nervus saccularis

9. Pars inferior ganglii vestibularis

10. Ganglion spirale

11. Nucleus cochlearis posterior

12. Nucleus cochlearis anterior

13. Nucleus vestibularis inferior

14. Nucleus vestibularis medialis

15. Nucleus vestibularis lateralis

16. Nucleus vestibularis superior

17. Nervus vestibulocochlearis

18. Nervus facialis

19. Nervus cochlearis

Notizen:-

....

....

....

....

....

....

....

(48) Nervus vestibulocochlearis

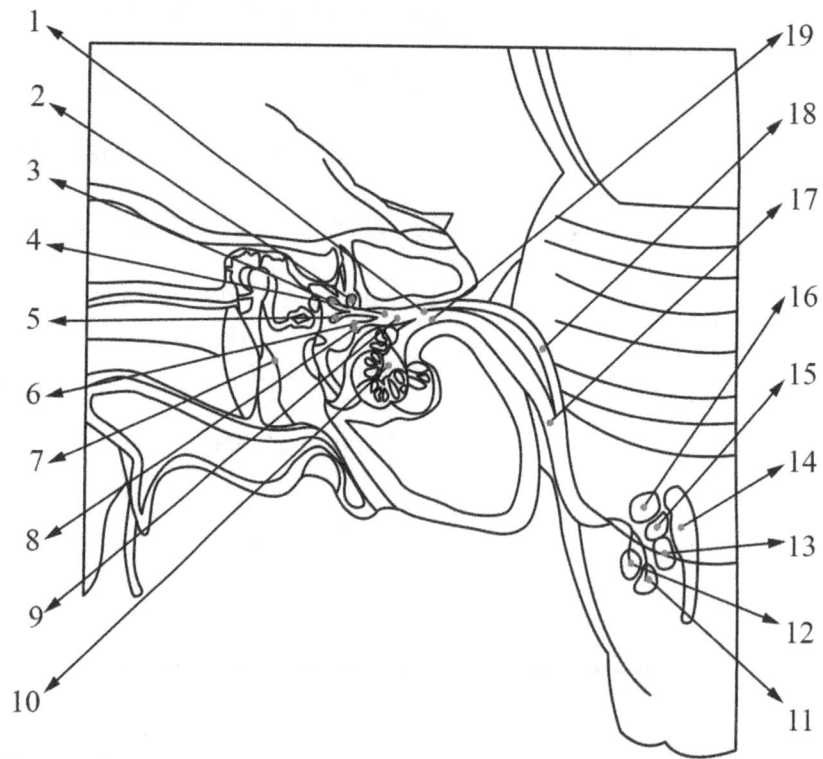

(49) Nervus glossopharyngeus

Wählen Sie für jede der angegebenen Hirnregionen eine andere Farbe aus, setzen Sie den entsprechenden Farbkreis in die Legende und färben Sie damit sowohl die Farbkreise in der Legende als auch die zugehörigen Strukturen im Diagramm ein.

1. Nucleus spinalis nervi trigemini et tractus spinalis nervi trigemini

2. Pons

3. Nucleus salivatorius superior

4. Ganglion superius nervi glossopharyngei

5. Glandula parotidea

6. Foramen stylomastoideum

7. Tuba auditiva

8. Canalis caroticus

9. Ganglion inferius nervi glossopharyngei

10. Ramus communicans nervi facialis cum nervo glossopharyngeo

11. Tonsilla palatina

12. Lingua

13. Nervus glossopharyngeus

14. Rami pharyngei nervi glossopharyngei

15. Rami tonsillares nervi glossopharyngei

16. Sinus caroticus

17. Glomus caroticum

18. Arteria carotis interna

19. Musculus constrictor pharyngis

20. Ramus caroticus nervi glossopharyngei

21. Plexus pharyngeus nervi glossopharyngei

22. Medulla oblongata

23. Rami linguales nervi glossopharyngei

24. Ramus communicans nervi glossopharyngei cum ramo auriculari nervi vagi

25. Foramen jugulare

26. Nucleus ambiguus

27. Nucleus tractus solitarii et tractus solitarius

28. Nucleus salivatorius inferior

Notizen:-

....

....

....

....

....

(49) Nervus glossopharyngeus

(50) Nervus vagus

Wählen Sie für jede der angegebenen Hirnregionen eine andere Farbe aus, setzen Sie den entsprechenden Farbkreis in die Legende und färben Sie damit sowohl die Farbkreise in der Legende als auch die zugehörigen Strukturen im Diagramm ein.

1. Nervus glossopharyngeus

2. Nervus vagus

3. Foramen jugulare

4. Nervus accessorius

5. Rami pharyngei nervi glossopharyngei

6. Ramus pharyngeus nervi vagi

7. Nervus laryngeus superior

8. Ramus internus nervi laryngei superioris

9. Ramus externus nervi laryngei superioris

10. Nervus laryngeus recurrens dexter

11. Nervus laryngeus recurrens sinister

12. Plexus cardiacus

13. Ramus hepaticus trunci vagalis anterioris

14. Plexus hepaticus

15. Plexus pancreaticus

16. Rami intestinales nervi vagi

17. Plexus intermesentericus

18. Ganglion mesentericum superius

19. Plexus splenicus

20. Rami gastrici anteriores trunci vagalis anterioris

21. Rami coeliaci trunci vagalis posterioris

22. Plexus oesophagealis

23. Truncus vagalis anterior

24. Nervus cardiacus inferior

25. Ramus cardiacus cervicalis superior nervi vagi

26. Ramus auricularis nervi vagi

27. Nucleus spinalis nervi trigemini

28. Nucleus ambiguus

29. Nucleus dorsalis nervi vagi

30. Nucleus tractus solitarii

Notizen:-

....

....

....

....

....

....

(50) Nervus vagus

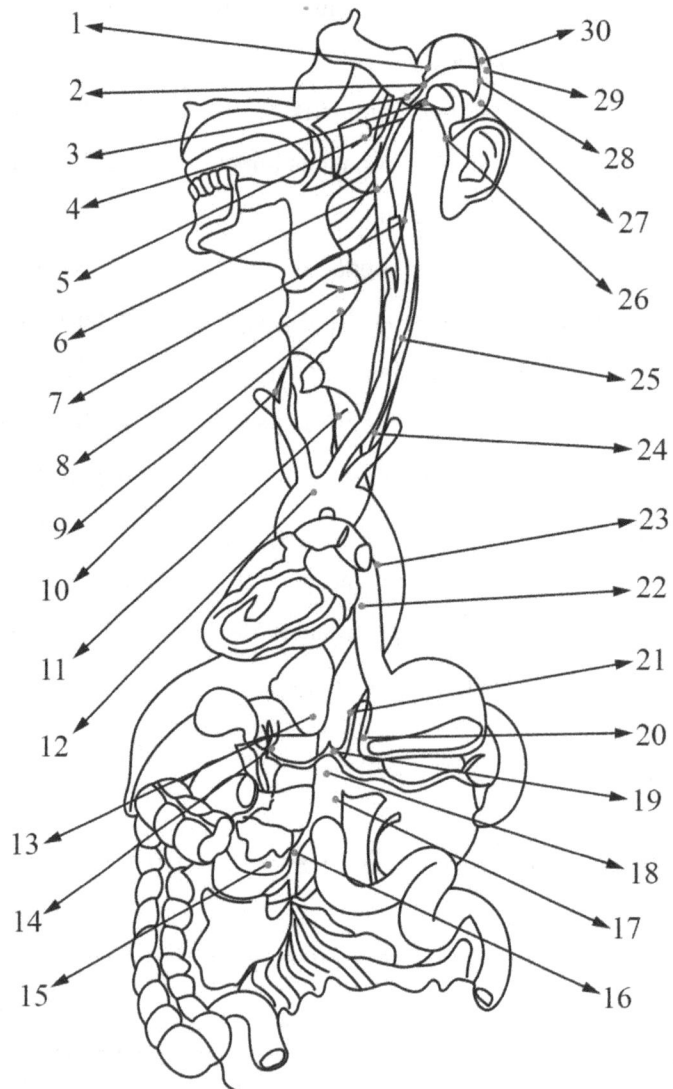

(51) Nervus accessorius (Accessoriusnerv)

Wählen Sie für jede der mit einem Farbkodierungskreis versehenen Hirnregionen eine andere Farbe und färben Sie damit sowohl die Kodierungskreise als auch die entsprechenden Strukturen in der Abbildung aus.

1. Nervus vagus (Vagusnerv)

2. Radix cranialis nervi accessorii

(Kranielle Wurzel des Accessoriusnervs)

3. Nucleus ambiguus

4. Radix spinalis nervi accessorii

(Spinale Wurzel des Accessoriusnervs)

5. Spinalnerv C2

6. Spinalnerv C3

7. Spinalnerv C4

8. Spinalnerv C5

9. Musculus trapezius (Trapezmuskel)

10. Nervus accessorius (Accessoriusnerv)

11. Musculus sternocleidomastoideus

(Sternokleidomastoidmuskel)

12. Spinalnerv C1

13. Ganglion inferius nervi vagi (Unteres

Ganglion des Vagusnervs)

14. Foramen jugulare (Jugularforamen)

15. Ganglion superius nervi vagi (Oberes

Ganglion des Vagusnervs)

Notizen:-

....

....

....

....

....

....

....

(51) Nervus accessorius
(Accessoriusnerv)

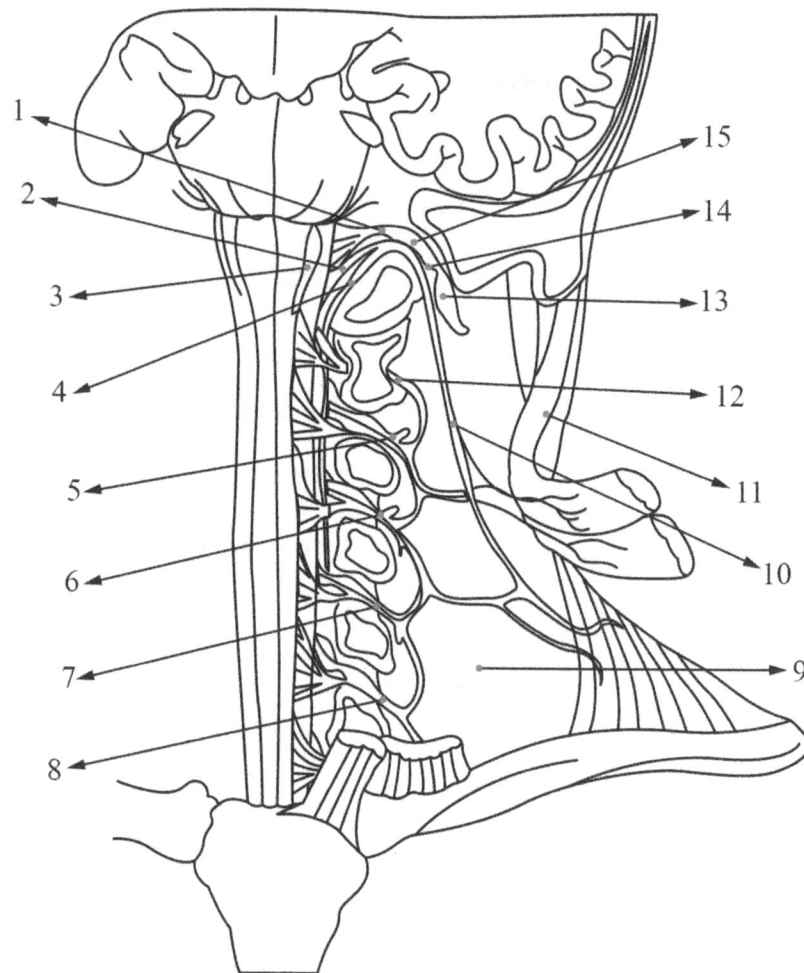

(52) Nervus hypoglossus

Wählen Sie für jede der mit einem Farbkodierungskreis versehenen Hirnregionen eine andere Farbe und färben Sie damit sowohl die Kodierungskreise als auch die entsprechenden Strukturen in der Abbildung aus.

1. Zunge

2. Musculus styloglossus (Styloglossusmuskel)

3. Musculus genioglossus (Genioglossusmuskel)

4. Musculus hyoglossus (Hyoglossusmuskel)

5. Musculus thyrohyoideus (Schild-Kehlkopf-Muskel)

6. Musculus sternohyoideus (Brust-Kehlkopf-Muskel)

7. Musculus omohyoideus (Schulterblatt-Kehlkopf-Muskel)

8. Musculus sternothyroideus (Brust-Schildknorpel-Muskel)

9. Ansa cervicalis (Halsanschleife)

10. Untere Wurzel der Ansa cervicalis

11. Obere Wurzel der Ansa cervicalis

12. Vordere Wurzeln der Spinalnerven C1–C3

13. Nervus hypoglossus (Hypoglossusnerv)

14. Nucleus nervi hypoglossi (Hypoglossuskern)

Notizen:-

....

....

....

....

....

....

....

(52) Nervus hypoglossus

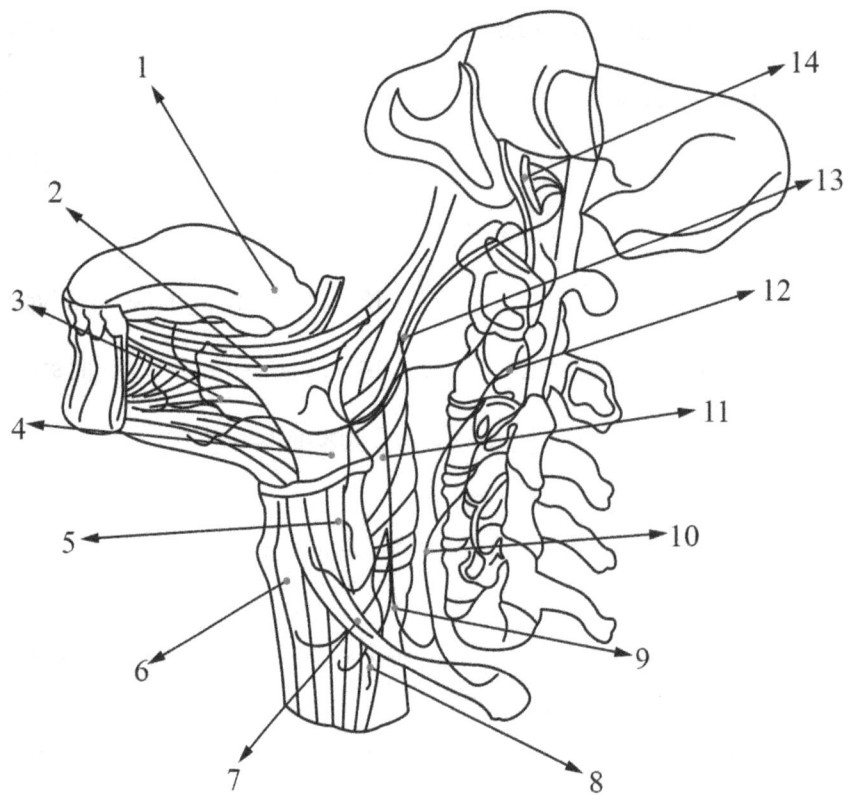

1
2
3
4
5
6
7
8
9
10
11
12
13
14

(53) Wirbelsäule und Spinalnerven

Wählen Sie für jede der mit einem Farbkodierungskreis versehenen Regionen eine andere Farbe und färben Sie damit sowohl die Kodierungskreise als auch die entsprechenden Strukturen in der Abbildung aus.

1. Spinalnerven C1–C8 (Zervikale Spinalnerven)

2. Spinalnerven T1–T12 (Thorakale Spinalnerven)

3. Spinalnerven L1–L5 (Lumbale Spinalnerven)

4. Spinalnerven S1–S5 (Sakrale Spinalnerven)

5. Zervikale Vergrößerung (Cervical enlargement)

6. Lumbale Vergrößerung (Lumbar enlargement)

7. Medullärkegel (Conus medullaris)

8. Coccygeusnerv (Nervus coccygeus)

9. Filum terminale

Notizen:-

....

....

....

....

....

....

....

....

(53) Wirbelsäule und Spinalnerven

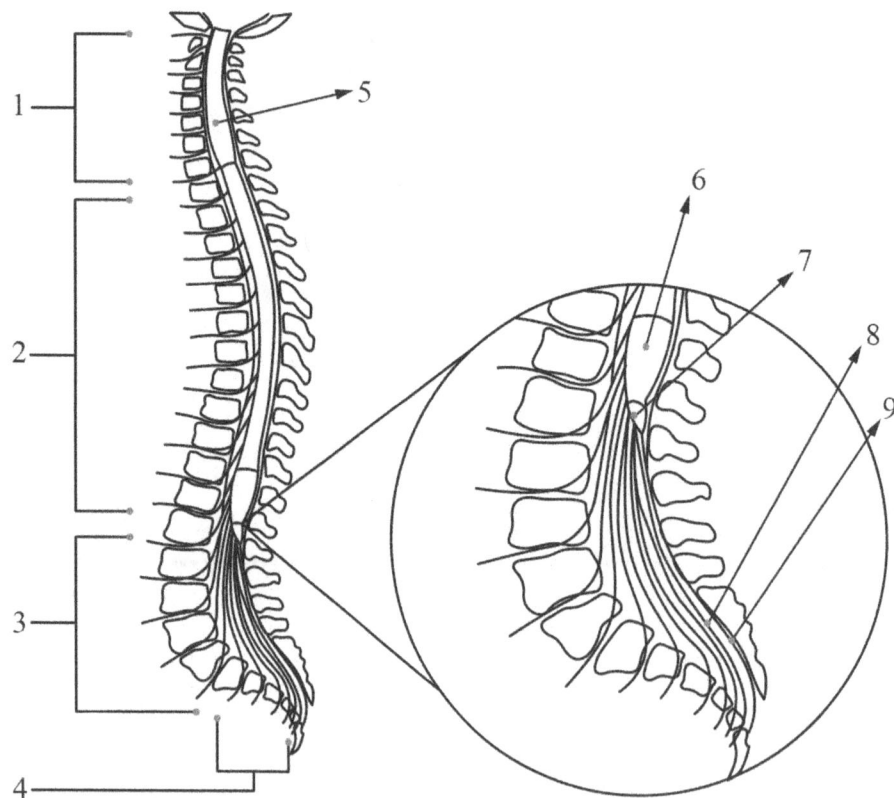

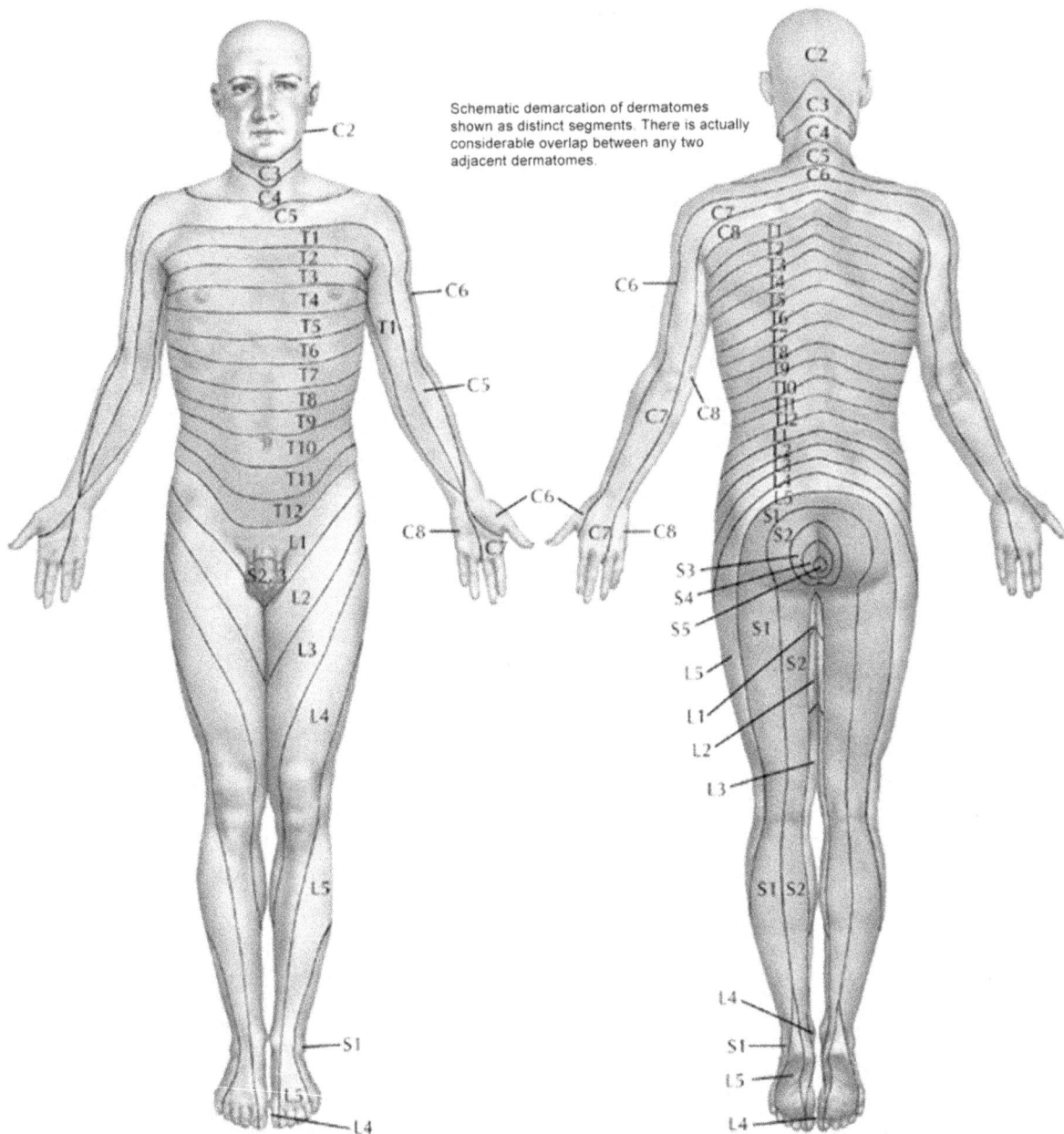

Schematic demarcation of dermatomes shown as distinct segments. There is actually considerable overlap between any two adjacent dermatomes.

Levels of principal dermatomes

C5	Clavicles	T10	Level of umbilicus
C5,6,7	Lateral parts of upper limbs	T12	Inguinal or groin regions
C8, T1	Medial sides of upper limbs	L1,2,3,4	Anterior and inner surfaces of lower limbs
C6	Thumb	L4,5, S1	Foot
C6,7,8	Hand	L4	Medial side of great toe
C8	Ring and little fingers	S1, 2, L5	Posterior and outer surfaces of lower limbs
T4	Level of nipples	S1	Lateral margin of foot and little toe
		S2,3,4	Perineum

(54) DERMATOMES

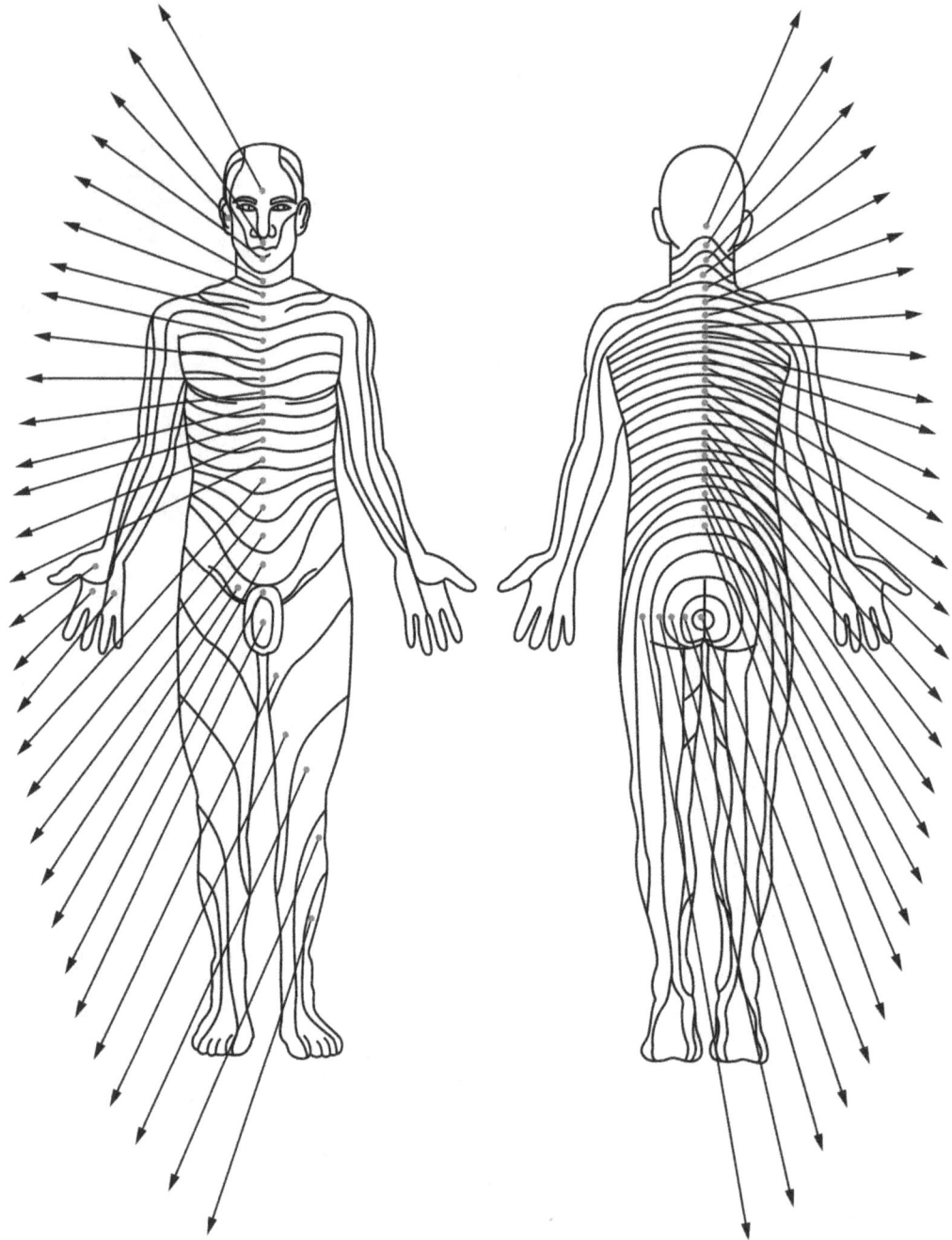

(55) Vegetatives (autonomes) Nervensystem

Wählen Sie für jede der mit einem Farbkodierungskreis versehenen Hirnregionen eine andere Farbe und färben Sie damit sowohl die Kodierungskreise als auch die entsprechenden Strukturen in der Abbildung aus.

1. Ganglion cervicale superius (Oberes Halsganglion)

2. Ganglion mesentericum inferius (Unteres Dünndarmganglion)

3. Nervus facialis (Gesichtsnerv)

4. Zervikaler Teil des Sympathikusstammes

5. Lumbale Splanchnicusnerven (Lumbale Darmsplanchnicusnerven)

6. Nervus oculomotorius (Okulomotoriusnerv)

7. Ganglion cervicale medium (Mittleres Halsganglion)

8. Sympathikusstamm

9. Ganglion cervicale inferius (Unteres Halsganglion)

10. Pelvine Splanchnicusnerven (Pelvine Darmsplanchnicusnerven)

11. Großer thorakaler Splanchnicusnerv (Greater thoracic splanchnic nerve)

12. Ganglion oticum (Ohrganglion)

13. Ganglien coeliaca (Zollinger-Ganglien / Celiac ganglia)

14. Ganglion submandibulare (Unterkieferganglion)

15. Ganglien aorticorenalia (Aorticorenale Ganglien)

16. Ganglion pterygopalatinum (Flügelgaumenganglion)

17. Kleiner thorakaler Splanchnicusnerv (Lesser thoracic splanchnic nerve)

18. Ganglion ciliare (Ziliarganglion)

19. Kleinstthorakaler Splanchnicusnerv (Least thoracic splanchnic nerve)

20. Nervus vagus (Vagusnerv)

21. Ganglion mesentericum superius (Oberes Dünndarmganglion)

22. Nervus glossopharyngeus (Glossopharyngeusnerv)

Notizen:-

....

....

....

....

....

(55) Vegetatives (autonomes) Nervensystem

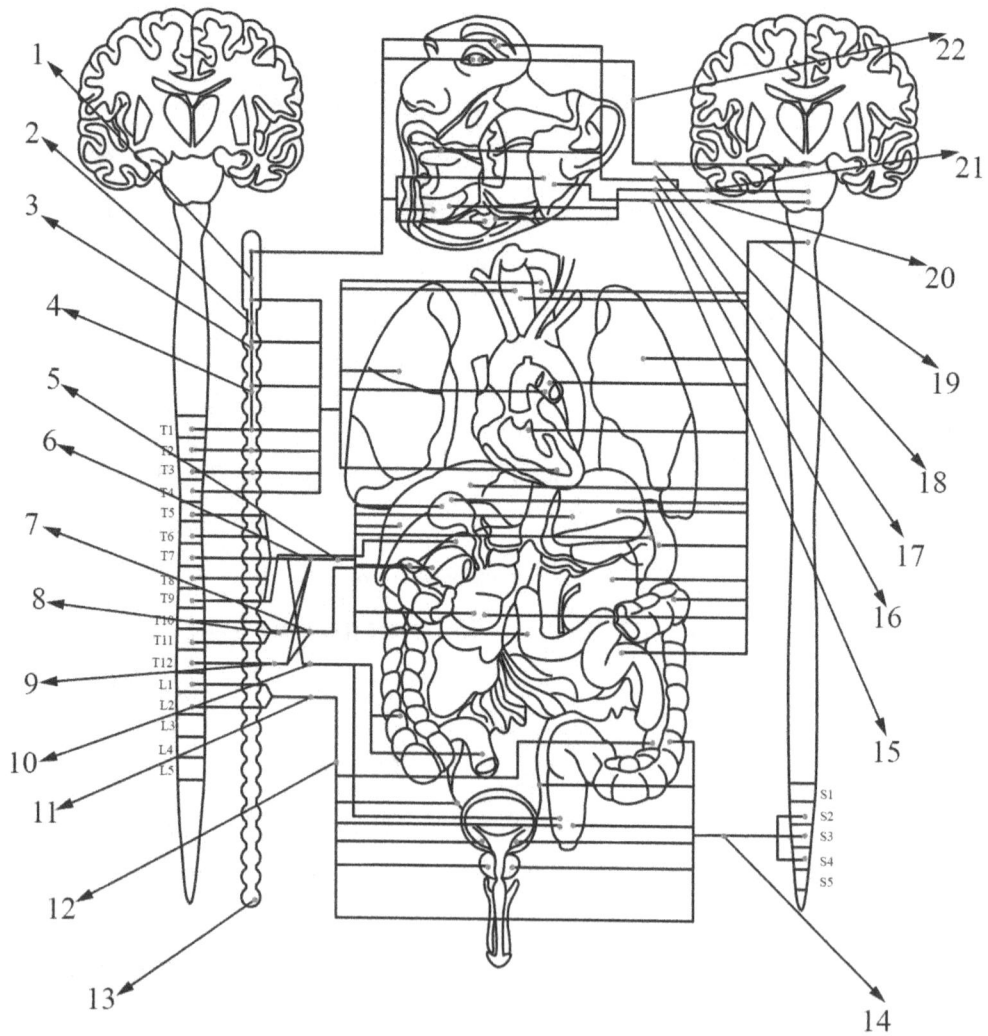

Multiple-Choice-Fragen

1. Welcher Teil des Gehirns hat eine Blut-Hirn-Schranke?
A. Hintere Hypophyse
B. Mediana eminentia des Hypothalamus
C. Vordere Hypophyse
D. Zirbeldrüse
E. Area postrema des vierten Ventrikels

2. Die Zellkörper für die motorische Versorgung des Trigeminusnervs liegen:
A. Mittelhirn
B. Boden des vierten Ventrikels
C. Hypothalamus
D. Großhirnrinde
E. Posterior zum zerebralen Aquädukt

3. Die Zellkörper für die motorische Versorgung des Facialnervs liegen:
A. Mittelhirn
B. Hypothalamus
C. Pons
D. Boden des dritten Ventrikels
E. Keines der oben Genannten

4. Zum Lumbalen Plexus:
A. Der Femoralnerv entsteht aus L2, 3, 4
B. Er leitet sich aus den letzten drei lumbalen Nerven ab
C. Er entsteht aus den posterioren Rami
D. Der Pudendalnerv ist ein Ast des lumbalen Plexus
E. Er liegt unmittelbar medial zur Vena cava inferior

5. Zur Innervation der Blase:
A. Das Distensionsgefühl der Blase wird über das sympathische Nervensystem übertragen
B. Sympathische Fasern sind erregend für die Blase
C. Blasenschmerzen werden ausschließlich über den superioren hypogastrischen Plexus übertragen
D. Die parasympathische Innervation erfolgt über die pelvinen Splanchnicusnerven
E. Die sympathische Innervation stammt aus den Segmenten L3 und L4 des Rückenmarks

6. Zur Blutversorgung des Rückenmarks:

A. Es gibt zwei vordere Spinalarterien

B. Die hintere Spinalarterie ist singular

C. Die vordere Spinalarterie entspringt der Wirbelarterie

D. Die vordere Spinalarterie behält ihre einheitliche Größe über ihre gesamte Länge

E. Die hintere Spinalarterie entspringt der posterioren oberen Kleinhirnarterie

7. Der Durchmesser einer motorischen Nervenfaser beträgt:

A. 3–5 Mikrometer

B. 5–12 Mikrometer

C. 1–2 Mikrometer

D. 12–20 Mikrometer

E. 20–50 Mikrometer

8. Zur dermatomalen Nervversorgung:

A. Die Ferse wird von S2 versorgt

B. Der Nabel wird von T12 oder L1 versorgt

C. T6 liegt auf Höhe der Brustwarze

D. C7 versorgt den Zeigefinger

E. Die anteriore axiale Linie des oberen Arms verläuft zwischen C6 und C7

9. Zur myotomalen Nervversorgung:

A. Opponens pollicis ist C8

B. Schulterabduktion ist C5, 6

C. Knöchel-Plantarflexion ist L4, 5

D. Ellenbogenstreckung ist C7, 8

E. Knöchel-Eversion ist L4, 10

10. Der afferente Pfad des Niesreflexes wird vermittelt über den:

A. Maxillarisnerv V2

B. Glossopharyngeusnerv

C. Vagusnerv

D. Ophthalmicusnerv V1

E. Mandibularisnerv V3

11. Die Motorkerne des Facialnervs befinden sich in der:

A. Medulla oblongata

B. Kleinhirn

C. Mittelhirn

D. Boden des dritten Ventrikels

E. Pons

12. Die Dermatome, die den großen Zeh versorgen, sind normalerweise:

A. S1

B. L4

C. L5

D. L3

E. S2

13. Zu den Hirnnerven:

A. Der Abduzensnerv durchquert das Foramen lacerum

B. Der Facialnerv kann bei Infektionen im kavernösen Sinus beteiligt sein

C. Der Trigeminusnerv ist rein sensorisch

D. Der Hypoglossusnerv verlässt den Schädel durch das Foramen magnum

E. Der Trochlearisnerv versorgt nur den Musculus obliquus superior

14. Welche der folgenden Aussagen zum Facialnerv ist falsch?

A. Gibt den großen Felsenbeinnerv ab

B. Enthält Fasern, die für das Ziliarganglion bestimmt sind

C. Versorgt den Buccinator

D. Versorgt die Gesichtsmuskeln

E. Enthält Geschmacksfasern

15. Welcher ist der größte Ast der inneren Halsschlagader?

A. Mittlere Hirnarterie

B. Ophthalmische Arterie

C. Striate Arterie

D. Posteriorer Kommunikationsarterie

E. Vordere Hirnarterie

16. Der Hirnstamm umfasst NICHT:

A. Diensephalon

B. Pons

C. Substantia nigra

D. Mittelhirn

E. Medulla oblongata

17. Welcher Hirnnerv liegt an der Grenze zwischen Pons und Medulla?

A. Vestibulocochlearisnerv (VIII)

B. Facialisnerv (VII)

C. Abduzensnerv (VI)

D. Glossopharyngeusnerv (IX)

E. Vagusnerv (X)

18. Welcher ist der kleinste Hirnnerv?

A. Okulomotoriusnerv (III)

B. Trochlearisnerv (IV)

C. Accessoriusnerv (XI)

D. Abduzensnerv (VI)

E. Riechnerv (I)

19. Welche Mittelhirnzellen sind an allgemeinen Lichtreflexen beteiligt?

A. Colliculus inferior

B. Corpus geniculatum mediale

C. Substantia nigra

D. Colliculus superior

E. Nucleus ruber

20. Die Medulla oblongata:

A. liegt zwischen Mittelhirn und Pons

B. hat nur einen Hirnnerv, der aus ihr austritt (den Trigeminusnerv)

C. durchquert das Foramen magnum

D. hat Pyramiden lateral zu den Oliven

E. erhält ihre Blutversorgung von der inneren Halsschlagader

21. Welche Struktur erhält KEINE Versorgung vom Okulomotoriusnerv?

A. Musculus levator palpebrae superioris

B. Musculus obliquus inferior

C. Corpus ciliare

D. Musculus rectus lateralis

E. Musculus rectus medialis

22. Im zentralen Rückenmarkssyndrom gibtes:

A. keinen Verlust motorischer oder sensorischer Funktion

B. intakte Berührungssensation mit Verlust aller motorischen und anderer sensorischer Funktionen

C. Lähmung und Verlust der Berührungssensation auf einer Seite sowie Verlust der Schmerz- und Temperatursensation in den oberen Gliedmaßen und Spastik der unteren Gliedmaßen

D. Verlust von Bewegung und aller Sensation unter dem verletzten Segment

E. Keines der oben Genannten

23. Welche Struktur ist vom Circulus arteriosus cerebri (Circle of Willis) umgeben?

A. Hypophysenstiel

B. Zirbeldrüse

C. Aquädukt des Mittelhirns

D. Sinus cavernosus

E. Medulla

24. Zum Rückenmark:
A. Die Blutversorgung auf jeder Ebene ist gefährdet aufgrund schlechter Anastomosen
B. Der laterale kortikospinale Trakt ist ein wichtiger motorischer Trakt
C. Eine Hemisektion des Rückenmarks (Brown-Séquard-Syndrom) führt zu Lähmung und Verlust der Berührung und Propriozeption auf der gleichen Seite sowie Verlust der Schmerz- und Temperatursensation auf der gegenüberliegenden Seite
D. Das Rückenmark endet bei L3
E. Die dorsalen/posterioren Säulen enthalten hauptsächlich motorische Fasern

25. Der Vagusnerv:
A. Entspringt der Medulla oblongata als einzelner Nerv
B. Erhält Fasern aus dem Nucleus ambiguus vom Accessoriusnerv
C. Versorgt motorische Fasern zum Zwerchfell
D. Versorgt sensorische Fasern zur Gesichtsregion
E. Kann durch Beobachtung der Zungenbewegungen getestet werden

26. Die sensorische Wurzel des Facialnervs:
A. Austritt aus der Schädelbasis durch das Foramen ovale
B. Versorgt die Schleimhaut des posterioren Drittels der Zunge
C. Wird als Nervus intermedius bezeichnet
D. Zeigt eine Schwellung im Bogen als otisches Ganglion
E. Entspringt der Sulcus zwischen Pons und Medulla

27. Welcher der Folgenden ist KEIN Ast des Trigeminusnervs?
A. Mentalnerv
B. Auriculotemporalnerv
C. Großer Auricularnerv
D. Supraorbitalnerv
E. Tränennerv

28. Der 4. Hirnnerv versorgt:
A. Musculus rectus medialis
B. Musculus obliquus superior
C. Musculus orbicularis oris
D. Musculus obliquus inferior
E. Musculus rectus lateralis

29. Zum Trigeminusnerv:
A. Trägt keine autonomen Nerven
B. Hat seinen Motorkern im oberen Pons
C. Hat fünf Divisionen
D. Die mandibuläre Division ist rein sensorisch
E. Verlässt den Schädel vollständig durch das Foramen ovale

30. Der zervikale Sympathikusstamm:
A. Liegt hinter der Prävertebralfaszie
B. Liegt hinter der Carotis-Scheide
C. Absteigend vom oberen hinteren Dreieck zur ersten Rippe
D. Verläuft lateral zur Wirbelarterie
E. Endet am inferioren Halsganglion

31. Myotom des Schulterabduktors?
A. C5, 6
B. C5, 6, 7
C. C6, 7, 8
D. C6, 7
E. C5

32. Alle der Folgenden sind Äste der ophthalmischen Division des Trigeminusnervs AUßER:
A. Supraorbitalnerv
B. Infraorbitalnerv
C. Infratrochlearnerv
D. Tränennerv
E. Supratrochlearnerv

33. Welcher der Folgenden ist ein Ast des Mandibularisnervs?
A. Externer Nasenerv
B. Zygomatikofazialnerv
C. Infraorbitalnerv
D. Zygomatikotemporalnerv
E. Auriculotemporalnerv

34. Welcher der Folgenden ist ein Ast des Maxillarisnervs?
A. Zygomatikotemporalnerv
B. Auriculotemporalnerv
C. Zygomatikofazialnerv
D. Externer Nasenerv
E. Infraorbitalnerv

35. **Das Mittelhirn (Mesencephalon)**

A) Liegt größtenteils in der mittleren Schädelgrube
B) Enthält die Kerne des N. oculomotorius
C) Wird von der A. cerebelli inferior anterior versorgt
D) Enthält die Kerne des N. trigeminus
E) Liegt zwischen Pons und oberem Spinalmark

36. **Der Liquor cerebrospinalis kommuniziert mit dem Subarachnoidalraum über**

A) Tela choroidea
B) Plexus choroideus
C) Arachnoidalzotten (Granulationes arachnoideae)
D) 3. Ventrikel
E) 4. Ventrikel

37. **Der N. infraorbitalis versorgt**

A) Oberlippe
B) Obere Schneidezähne
C) Haut des unteren Augenlids
D) Labiales Zahnfleisch
E) Nasenrücken

38. **Welcher Nerv versorgt den Scheitel (Vertex) der Kopfhaut?**

A) N. supraorbitalis
B) N. occipitalis tertius
C) N. auriculotemporalis
D) N. occipitalis major
E) N. supratrochlearis

39. **Die korneale Sensibilität synaptiert in welchem Ganglion?**

A) Ganglion pterygopalatinum
B) Ganglion ciliare
C) Ganglion oticum
D) Ganglion trigeminale (Gasseri)
E) Ganglion geniculi

40. **Bezüglich der Sprachzentren**

A) Eine Schädigung der Broca-Region führt zu motorischer Aphasie
B) Die Broca-Region liegt posterior
C) Eine Schädigung der Wernicke-Region führt zu expressiver Aphasie
D) Die Wernicke-Region kontrolliert die motorische Antwort
E) Die Broca-Region liegt bei den meisten Linkshändern auf der linken Seite

41. Bezüglich der Seh- und Augenbewegungsbahnen

A) Kombinierte Aktion von M. rectus inferior und M. obliquus superior führt zum Blick nach lateral

B) Der M. rectus superior dreht das Auge nach oben und außen

C) Bei Trochlearisparese kann das Auge bei Abduktion nicht nach unten schauen

D) Bei Abduzensparese dreht sich das Auge nach unten und außen

E) Kombinierte Aktion von M. rectus superior und M. obliquus inferior führt zum vertikalen Blick nach oben

42. Bezüglich der Blutversorgung der Großhirnrinde

A) A. cerebri anterior → kontralaterales Bein, Hören und Sprache

B) A. cerebri media → kontralateraler Arm, Bein und Sprachareale

C) A. cerebri posterior → ipsilaterales Gesichtsfeld

D) A. cerebri media → ipsilateraler Arm, Gesicht und Sehen

E) A. cerebri anterior → kontralaterales Bein, Miktion und Defäkation

43. Das Septum der Nasenhöhle wird innerviert von

A) N. nasopalatinus aus dem Cranialnerv V2

B) N. ethmoidalis posterior aus V1

C) N. palatinus major aus V2

D) N. palatinus minor aus V2

E) Keine der genannten Antworten

44. Der fünfte Hirnnerv (N. trigeminus) versorgt

A) Die Bindehaut unter dem Unterlid über den N. ophthalmicus

B) Die Haut des Ohrläppchens über den N. auriculotemporalis

C) Die Haut der Nasenspitze über den Ramus nasalis externus des N. maxillaris

D) Den M. temporalis

E) Die Haut über dem Hinterkopf (Occiput)

45. Die kutanen Innervation des Ohres
A) Beinhaltet den N. vagus
B) Beinhaltet den N. occipitalis major
C) Ist der N. auricularis minor
D) Beinhaltet den Ramus zygomaticotemporalis des N. trigeminus
E) Gehört zum Dermatom C3

46. Die ophthalmische Abteilung des N. trigeminus (V1)
A) Tritt durch die Fissura orbitalis inferior ins Gesicht ein
B) Steuert die Abduktion des Auges
C) Versorgt die Stirn und das obere Augenlid sensibel, ausgenommen die Orbita
D) Führt sympathische Fasern zum M. constrictor pupillae
E) Gibt fünf Äste ab, von denen zwei sympathische und sensible Fasern enthalten

47. Wo verlaufen die Vv. cerebri superiores?
A) In den Rändern der Falx cerebri
B) Zwischen Dura und Schädelknochen
C) Tief in den Sulci
D) Zusammen mit der A. cerebri superior
E) In der Arachnoidea

48. Bezüglich des Circulus arteriosus Willisii
A) Die A. carotis interna gibt die A. ophthalmica ab
B) Die A. communicans anterior verbindet A. cerebri media und A. cerebri anterior
C) Die A. cerebri posterior ist ein Ast der A. carotis interna
D) Die A. cerebri media versorgt die motorische, aber nicht die sensible Rinde
E) Die A. cerebri anterior ist der größte Ast der A. carotis interna

49. Bezüglich der vorderen (ventralen) Spinalnervenwurzeln
A) Sie enthalten ausschließlich efferente Fasern
B) Alle Wurzeln enthalten sympathische Fasern
C) Es gibt 31 Paare vordere Spinalnervenwurzeln
D) Alle vorderen Wurzeln enthalten efferente motorische Fasern
E) Vordere und hintere Wurzeln vereinigen sich 1 cm distal des Foramen intervertebrale

50. Die folgenden Muskeln werden von hinteren (dorsalen) Ästen der Spinalnerven versorgt – AUSGENOMMEN

A) M. splenius
B) M. semispinalis capitis
C) M. scalenus posterior
D) Mm. levatores costarum
E) M. erector spinae

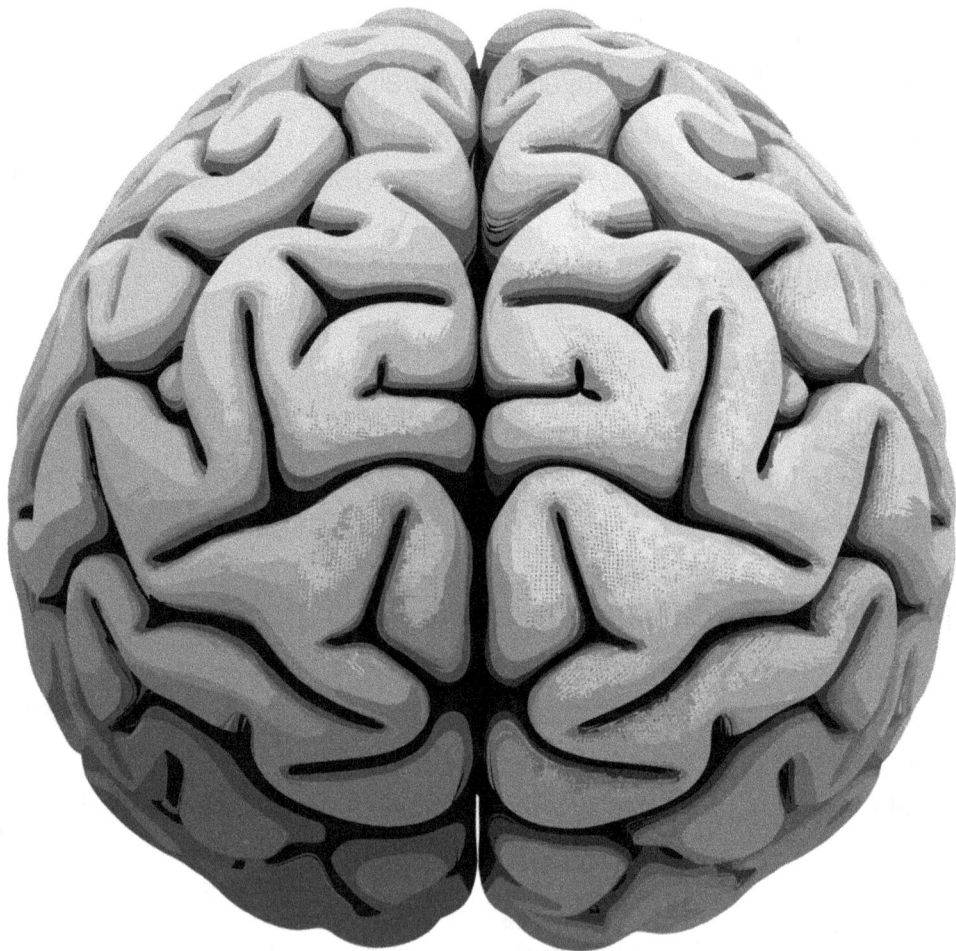

1. Ⓐ Ⓑ **Ⓒ** Ⓓ Ⓔ
2. Ⓐ **Ⓑ** Ⓒ Ⓓ Ⓔ
3. Ⓐ Ⓑ **Ⓒ** Ⓓ Ⓔ
4. **Ⓐ** Ⓑ Ⓒ Ⓓ Ⓔ
5. Ⓐ Ⓑ Ⓒ **Ⓓ** Ⓔ
6. Ⓐ Ⓑ **Ⓒ** Ⓓ Ⓔ
7. Ⓐ Ⓑ Ⓒ **Ⓓ** Ⓔ
8. Ⓐ Ⓑ Ⓒ **Ⓓ** Ⓔ
9. Ⓐ Ⓑ Ⓒ **Ⓓ** Ⓔ
10. **Ⓐ** Ⓑ Ⓒ Ⓓ Ⓔ
11. Ⓐ Ⓑ Ⓒ Ⓓ **Ⓔ**
12. Ⓐ Ⓑ **Ⓒ** Ⓓ Ⓔ
13. Ⓐ Ⓑ Ⓒ Ⓓ **Ⓔ**
14. Ⓐ **Ⓑ** Ⓒ Ⓓ Ⓔ
15. **Ⓐ** Ⓑ Ⓒ Ⓓ Ⓔ
16. Ⓐ Ⓑ Ⓒ Ⓓ **Ⓔ**
17. Ⓐ Ⓑ **Ⓒ** Ⓓ Ⓔ
18. Ⓐ **Ⓑ** Ⓒ Ⓓ Ⓔ
19. Ⓐ Ⓑ Ⓒ **Ⓓ** Ⓔ

20. Ⓐ Ⓑ **Ⓒ** Ⓓ Ⓔ
21. Ⓐ Ⓑ Ⓒ **Ⓓ** Ⓔ
22. Ⓐ **Ⓑ** Ⓒ Ⓓ Ⓔ
23. **Ⓐ** Ⓑ Ⓒ Ⓓ Ⓔ
24. Ⓐ **Ⓑ** **Ⓒ** Ⓓ Ⓔ
25. Ⓐ **Ⓑ** Ⓒ Ⓓ Ⓔ
26. Ⓐ Ⓑ **Ⓒ** Ⓓ Ⓔ
27. Ⓐ Ⓑ **Ⓒ** Ⓓ Ⓔ
28. Ⓐ **Ⓑ** Ⓒ Ⓓ Ⓔ
29. Ⓐ **Ⓑ** Ⓒ Ⓓ Ⓔ
30. Ⓐ Ⓑ Ⓒ **Ⓓ** Ⓔ
31. Ⓐ Ⓑ Ⓒ Ⓓ **Ⓔ**
32. Ⓐ Ⓑ **Ⓒ** Ⓓ Ⓔ
33. Ⓐ Ⓑ Ⓒ Ⓓ **Ⓔ**
34. **Ⓐ** Ⓑ Ⓒ Ⓓ Ⓔ
35. Ⓐ **Ⓑ** Ⓒ Ⓓ Ⓔ
36. Ⓐ Ⓑ Ⓒ Ⓓ **Ⓔ**
37. Ⓐ Ⓑ Ⓒ Ⓓ **Ⓔ**
38. Ⓐ Ⓑ Ⓒ **Ⓓ** Ⓔ

39. (A) (B) (C) **(D)** (E)

40. **(A)** (B) (C) (D) (E)

41. (A) (B) **(C)** (D) (E)

42. (A) (B) (C) (D) **(E)**

43. **(A)** (B) (C) (D) (E)

44. (A) (B) (C) **(D)** (E)

45. **(A)** (B) (C) (D) (E)

46. (A) (B) (C) (D) **(E)**

47. (A) (B) (C) (D) **(E)**

48. **(A)** (B) (C) (D) (E)

49. (A) **(B)** (C) (D) (E)

50. (A) (B) **(C)** (D) (E)